달빛 아래
과학 한 움큼

지은이 장수길

전파과학사

달빛 아래 과학 한 움큼

서문

달에 관해서 알고 싶은 것이 너무 많아.

궁금해 죽겠어.

이런 사람은 없다.

그래서 미끼를 던진다.

달은 언제나 한쪽 면만 보인다며?

공중에 떠 있는 달이 왜 안 떨어지는 거야?

지평선에 있는 달은 왜 더 커 보이는 거야?

일식 때문에 아인슈타인의 상대성이론이 입증되었다며?

신윤복의 그림 속에 있는 달이 잘못되었다며?

바닷물이 갈라지는 모세의 기적은 왜 일어나는 거야?

달이 멀어지고 있다고?

달 쪽도 밀물이지만 달의 반대쪽도 밀물이라며?

블루문은 뭐고 슈퍼문은 뭐야?

아폴로 11호의 달 착륙이 조작이라며?

한 번쯤 어디선가 들어본 내용들이다.

미끼에 걸려드시길!

다시 한번 미끼를 던진다.

선생님 수업은 언제나 재밌어요. 기발해요.

머리에 쏙쏙 들어와요.

수업하듯이 썼다.

덥석 물도록 스토리도 끼워 넣었다.

달의 이름을 불러 주기 전에는

그는 다만 하나의 몸짓에 지나지 않았다.

그의 이름을 불러 주었다.

그는 나에게로 와서 꽃이 되었다.

온갖 꽃이 피어 있다.

달빛이 비추는 꽃밭에서

꽃들은 저마다 사이언스의 향기를 내뿜고 있다.

달이 품은 다양한 이야기입니다.

달의 귀환입니다.

달달한 달 이야기입니다.

밤 산책자를 위한 달 안내서입니다.

꼭지마다 한 움큼씩 과학을 드립니다.
일상의 과학이 무엇인지를 알게 됩니다.

달빛은 등불도 되고 문틈 사이로도 들어옵니다.
달빛의 다양한 목소리를 포근한 화음으로 감싸 안았습니다.
저는 달빛 콘서트의 지휘자입니다.
은은한 달빛 소나타를 감상하시기 바랍니다.

많은 이들과의 인연으로 이 책을 손에 쥐었습니다.
과학저술가 양성 과정 대표 백승권 님, 같은 꿈을 가졌던 저술
가 과정 동기생들과 책 제목을 정해준 김민수, 저술가 과정을 소
개해줘 인연을 실감나게 한 삼각산고 이진주, 책이 재미있다고
출간을 결정해주신 전파과학사 손동민 사장님.
그녀가 있으면 무슨 일이든지 할 수 있다. 내 아내 김애영.

이 책은 저의 분신입니다.
달을 보면 저를 떠올릴 모든 분들께 감사드립니다. ▪▖

너무너무 멋지신 장수길 선생님께 - ☺

선생님 안녕하세요! ☺ 선생님께 편지쓰는 건 처음이네요.
선생님께 수업을 받은 건 1학년 때, 딱 1년 뿐이었지만 선생
님의 그 수업이 아직도 너무나 생생하게 기억에 남아요.
그 때, 정말 정말 즐겁게 배웠었어요. 그래서 저는 사회학과이
지만 기회가 된다면 지구과학, 특히 우주 과학을 다시 배우고
싶어요. 배울 때 아다 창 두근거렸어요. 그리고 1년 밖에 수업을
듣지 못했지만 선생님과의 관계의 깊이는 그보다 훨씬 더
깊게 느껴지는 것 같아요. 저 1인 시위 했을 때도 그렇고
언제나 선생님 응원을 받은 것 같아서 든든했어요. 힘이 쭉-
빠지다가도 선생님께서 '뵤이' 하시며 인사해주시면 다시
힘도 불끈 솟고요! ☺ ㅠㅠ 대학가면 선생님 그리워서 어떡하죠?
ㅠㅠ 늘 그 자리에 계시면 좋을 텐데. 휘봉고등학교에 오래
계셔주세요. 히히. 그리고 제가 휘봉고로 선생님 보러 가면
늘 그러셨듯 '뵤이' 날려주셔야 해요! ☺ 아, 낮에 보는 달이
하얀 이유 - 알려주셨을 때 얼마나 감사했는지 몰라요. 처음
여쭤봤을 때 더 자세히 알아보고 알려주신다고 하셨는데, 정말
자세히 알아보시고 먼저 저를 불러주셔서 놀랐고요. 감동이기도
했고요. 그리고 행복했고요! 제게 이런 선생님이 계시다는게 -
선생님은 정말 멋진 분이세요. 오래오래 기억할게요. 선생님도
저 기억해주시네요. 선생님께서 자랑하실만한 정의롭고
Dear. 올바른 어른이자 제자로 살아가기 위해 노력하겠습니다.
3년동안 감사했어요 ☺ 쭉- 건강하셔야해요!
From. 2016. 3월. 졸업식날-
보경이 올림 ♥

차례

Ⅰ. 달달 무슨 달

1. 해님과 달님

옛날, 옛날 깊은 산골에 엄마와 오누이가 살고 있었다. 떡집에 일하러 다닌 엄마는 집으로 돌아오는 길에 '떡 하나 주면 안 잡아먹지'라는 유명한 대사를 남긴 호랑이에게 잡아먹힌다.

엄마로 변장한 호랑이는 오누이마저 잡아먹으려 했지만 구사일생으로 오누이는 동아줄을 타고 하늘로 올라간다. 하늘로 올라간 오누이는 해와 달이 되었다.

해와 달이 된 오누이라는 전래동화이다. 말하자면 해와 달 탄생의 어린이용 버전이다.

어른 대상의 버전은 어떠한가? 이 얘기이야 말로 옛날로 거슬러 올라간다. 46억 년 전에 있었던 일이니까.

우주 공간은 진공이다. 하지만 매우 희박하게 수소원자들이 있다. 어떤 곳에는 수소원자들이 많이 모여 있는데 그런 곳을 지구에서 보면 뿌옇게 보여 성운이라고 한다.

성운에서도 수소원자들이 좀 더 많이 모여 있는 곳에서는 수소원자들이 서로 간의 중력으로 모여든다. 모여들 때 약간 비틀어지면 회전하면서 모여들게 된다.

회전하는 가스덩어리는 원심력의 작용으로 납작한 원반 모양
이 되고 중심에 있는 수소는 계속 모여들어 수소덩어리가 된
다. 심하게 압축된 수소덩어리는 내부 온도가 올라가면서 수소
핵융합으로 빛을 내게 된다. 빛을 내는 수소덩어리인 별이 된
것이다.

오누이 중의 한 명인 해님이 탄생했다.

달님은 어떻게 탄생했을까?

달님 탄생은 지구 탄생 이야기를 해야 한다.

지구 탄생은 해님 탄생 이야기에서 계속 이어진다.

중심으로 끌려들어간 수소원자들은 해님인 태양이 되지만 원
반에 남아 있던 물질들은 태양열을 받아 퍼져 나간다. 밀도가
높은 암석 성분은 멀리 퍼져 나가지 못하고 태양 가까운 곳에
서 작은 돌덩어리들이 되었고 가벼운 가스들은 태양 먼 곳까지
퍼져 나갔다. 그래서 태양 가까운 곳에 있던 작은 돌덩어리들
은 모여 지구와 같은 암석 행성이 되었고 멀리까지 퍼져 나간
가스는 모여서 목성과 같은 가스 행성이 되었다.

지구도 탄생했으니 본격적으로 달 탄생에 관한 이야기를 해보자. 달 탄생에 관한 이야기는 여러 가지 설이 있다.

동시 탄생설　작은 암석들이 모여서 지구가 생길 때 지구 주변을 돌던 작은 돌들이 모여 달이 되었다는 설이다. 그러나 주변에서 돌던 작은 돌들이 모여 현재의 달과 같은 커다란 달이 생기기 어렵다는 단점이 있다.

분리설　진화론의 창시자인 찰스 다윈의 아들이 주장한 설. 과거 지구가 뜨거워서 마그마 상태일 때 지구의 빠른 자전으로 지구 물질의 일부가 떨어져 나가 달이 되었다는 설이다. 떨어져 나가고 남은 자리가 태평양이 되었다고 한다. 이 설도 지구 물질이 떨어져 나가기에는 지구의 자전속도가 빠르지 않다는 단점이 있다.

포획설　원래 달은 다른 곳에서 생겨난 천체였는데 지구 근처를 지나가다 지구 중력에 붙잡혀 달이 되었다는 설이다. 그런데 다른 곳에서 생긴 천체라면 달의 성분이 지구의 성분과 달라야 하는데 달과 지구의 성분이 비슷하다는 사실이 밝혀지면서 이 설도 신빙성이 떨어진다.

충돌설 자이언트 임팩트설이다. 지구 생성 초기에 화성 크기의 거대한 행성이 지구에 충돌했고 그때 생긴 파편이 뭉쳐져 달이 되었다는 설이다. 이 설은 일단 달이 지구보다는 철 성분이 적어서 지구보다 밀도가 작다는 것은 설명된다. 지구의 가장자리인 맨틀은 지구의 핵보다 철이 적은데 충돌 때 이 맨틀 부분이 날아가 달이 되었기 때문에 달의 밀도가 지구보다 작아졌다는 것이다. 또한 달에는 휘발성 성분이 적은데 충돌할 때 열기로 휘발성 성분이 다 날아가 버렸다는 것으로 설명 가능하다. 현재 가장 유력한 설이다.

달 탄생의 비밀은 여전히 베일에 싸여 있고 계속 연구 중에 있다. 달 탄생의 버전은 계속 업그레이드 될 것이다. ■

2. 달을 따줄게

"저를 사랑하신다면, 저 하늘의 달을 따다 주세요."

사랑하는 여자를 위해선 못할 것이 없다.

사다리만 있으면 된다. 나무에 사다리를 걸쳐 놓고 손을 뻗으면 된다.

사랑은 쉽게 이루어지지 않는 법. 사다리를 타고 올라간 남자는 달과 가까워지지만 달은 손에 잡힐 만하면 멀어진다.

어린아이가 손을 뻗어도 잡힐 것 같지만 달까지의 거리는 만만치 않다.

달의 거리는 어느 정도일까?

사다리의 길이가 어느 정도 되어야 달을 딸 수 있을까?

달에 전파를 쏘면 달의 거리를 구할 수 있다. 전파가 달 표면에서 반사되어 돌아오는 시간을 측정하면 된다. 전파는 달의 표면 여기저기서 반사되어 오므로 거리의 정밀도는 약간 떨어진다.

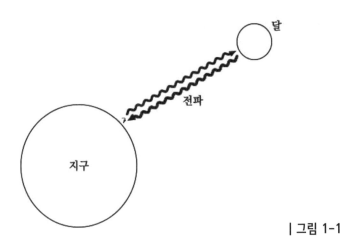

| 그림 1-1

  좀 더 정확히 구하기 위해 레이저를 이용한다. 레이저는 달의 어느 한 지점을 향해 쏠 수 있다. 아폴로 우주선이 달 표면에 설치한 반사경으로 레이저를 쏜다. 레이저가 반사되어 돌아오는 데 걸리는 시간을 재면 된다. 오차 50cm 이하로 매우 정밀하게 거리를 측정할 수 있다.

  달의 공전 궤도가 타원이라 지구와의 거리는 약간씩 변한다. 어느 날 달에 쏜 레이저가 2.54초 후에 돌아왔다면 달까

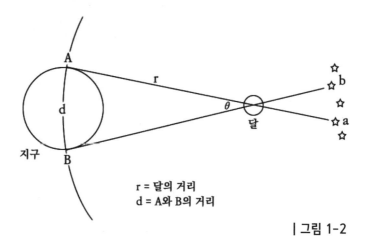

r = 달의 거리
d = A와 B의 거리

| 그림 1-2

지 가는 데만 1.27초이다. 레이저속도는 빛의 속도인 초당 300,000km이므로 이날 달은 지구에서 300,000km/s×1.27초=381,000km에 있다. 지구의 관제 센터에서 보낸 목소리를 달에 있는 우주인은 1.27초 후에 들을 수 있다.

레이저가 없어도 달의 거리를 구할 수 있다.

〈그림 1-2〉처럼 지구의 A에서 달을 보면 달은 a별 옆에서 보인다. 같은 시각 A에서 멀리 떨어진 B에서 보면 달은 b별 옆에서 보인다. 1. A에 있는 사람이 B에서 달 옆에 b별이 있는지 어떻게 아나? 전화로 물어보거나 A에서 달의 공전주기인 27.3일

후에 B로 가서 확인하면 된다. a별과 b별이 이루는 각은 달에서 보나 지구에서 보나 같으므로 지구에서 a별과 b별이 이루는 각을 재면 된다. 그 각은 아래 그림에서 θ와 같다. θ를 시차라고 한다. 달이 멀리 있을수록 θ가 작으므로 θ를 측정하여 달의 거리를 구할 수 있다.

⟨그림 1-2⟩를 달의 거리 r이 반지름인 큰 원이라고 생각하면 원에서 원호의 길이는 중심각에 비례하므로 $d : \theta = 2\pi r : 360°$의 비례식이 성립한다. d와 θ는 측정할 수 있으므로 달의 거리 r을 알 수 있다.

세월이 흐르면 연인들의 대화는 이렇게 변한다.

"사랑하는 당신을 위해 저 달을 따다 반지를 만들어 주겠습니다."

"아니에요, 그냥 다이아반지로 주세요." ◾▪

3. 달의 질량 구하기

달의 질량을 구해보자.

공중에 떠 있는 달이 질량을 어떻게 구할까?

저울로 달 수도 없고.

실마리는 달의 질량과 관련된 물리 현상을 찾아야 한다.

달의 질량과 관련된 것 중의 하나는 달의 중력이다.

달의 중력과 관련된 것은 무엇이 있을까?

달을 선회하는 달 탐사 위성들이 있다.

위성은 달의 중력을 받아서 달을 돌기 때문에 위성의 공전속도는 달의 중력에 의해 결정된다.

달의 중력이 클수록 공전속도가 크지 않겠는가?

공전속도만 안다면 달의 중력을 알 수 있고 중력을 통해 달의 질량을 알 수 있다.

위성의 공전속도는 구하기 쉽다.

〈그림 1-3〉에서 위성이 1회 공전할 때 간 거리가 공전 원둘레 $2\pi r$이다. 그때 걸린 시간은 공전주기 P이다. 속도 v는 거리를 시간으로 나눈 값이므로 공전속도 $V = \dfrac{2\pi r}{P}$이다.

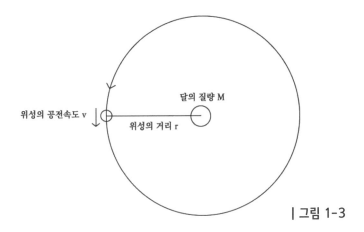

위성의 공전속도 v

달의 질량 M

위성의 거리 r

| 그림 1-3

위성의 P와 r만 알면 달 위성의 공전속도를 알 수 있고 공전속도는 달의 중력에 의해 결정되고 중력은 달의 질량으로 결정되므로 결국 달을 도는 위성의 P와 r을 통해 달의 질량을 알아낼 수 있다.

운동선수의 폼만 보면 실력을 알 수 있는 것과 마찬가지다.

여기서 달의 질량을 구하는 방법을 끝내도 되지만 달 위성의 P와 r을 통해 달 질량 구하는 방법을 좀 더 구체적으로 알아보자.

위성에 미치는 달의 중력은 달과 위성 사이의 만유인력이다.

이 만유인력 때문에 위성이 돈다. 돌면 나가려는 원심력이 생긴다. 원심력은 위성이 받은 만유인력만큼만 생긴다.

만유인력=원심력이다.

만유인력은 달의 질량과 관련이 있다. $\dfrac{GMm}{r^2}$ 이다. G는 만유인력 상수이고 M은 달의 질량, m은 위성의 질량이다.

원심력은 위성의 속도 v와 관련이 있다. $\dfrac{mv^2}{r}$ 이다.

만유인력=원심력이므로 $\dfrac{GMm}{r^2} = \dfrac{mv^2}{r}$

m과 r을 지우면 $\dfrac{GM}{r} = v^2$ 이다.

$v = \dfrac{2\pi r}{P}$ 이므로 $M = \dfrac{4\pi^2 r^3}{GP^2}$ 이다.

이 식에서 G는 알고 있는 값이므로 P와 r만 알면 M을 알 수 있다.

이 식이 나온 것도 달의 M에 의해 P와 r이 결정되기 때문이다.

© NASA

| 그림 1-4. 목성과 목성의 위성

〈그림 1-4〉는 목성과 목성을 공전하는 위성을 나사에서 찍은 사진이다.

공중에 떠 있는 이 목성의 질량을 구하고 싶으면?

목성 위성의 공전주기 P와 목성과 위성 사이의 거리 r을 알면 된다.🔳

〈한마디 더〉

——달의 중력은 지구의 $\frac{1}{6}$

중력은 근본적으로 천체와 물체 사이의 만유인력이다.

질량 m인 물체가 달에서 받는 중력은 달과의 만유인력이다.

만유인력은 $\frac{GmM}{R^2}$ 이다. M은 천체의 질량이고, R은 천체의 반지름이며, G는 만유인력 상수이다. G는 질량, 거리의 물리량이 힘으로 바뀔 때 적용되는 조정 값이다. 달러를 원화로 바꿀 때 일정한 비율이 있는 환율과 같은 값이다.

질량이 클수록 반지름은 작을수록 천체의 중력은 커진다.

질량 m인 물체가 두 천체에서 받는 중력을 비교할 때 m은 같으므로 두 천체의 M과 R만 비교하면 된다.

달과 지구의 중력을 비교해 보자.

달과 지구의 반지름 비는 1,700km : 6,400km=1 : 3.7, 질량비는 7.3×10^{22}kg : 6.0×10^{24}kg=1 : 81이다.

달과 지구의 중력 비는 $\frac{M}{R^2} = \frac{81}{3.7^2} = 6$ 이다. 지구 중력은 달의 중력의 6배이다. 지구는 달에 비해 질량이 81배 커서 중력이 81배 커야 하지만 크기가 3.7배 커서 결국 중력은 6배 크다. 달에서는 다이어트가 필요 없다. 몸무게가 1/6로 줄어든다.

4. 달과 태양의 거리 비교

■
〈그림 1-5〉의 직각삼각형 ABC에서 각 a가 정해지면 직각삼각형의 모양은 결정된다. 삼각형에서 두 각이 같은 삼각형은 모두 닮은꼴이라는 조건을 충족하기 때문이다.

이 작은 삼각형에서 AB : BC의 길이 비는 자로 재면 알 수 있다. 그게 귀찮으면 cos a=AB/BC이므로 계산기에서 각 a의 코사인 값을 구해도 된다. 어쨌든 코사인을 몰라도 자로 재면 두 변의 길이 비를 구할 수 있다.
이 삼각형이 아무리 커져도 AB : BC의 길이 비는 같다. 왜냐하면 닮은 삼각형이기 때문이다.

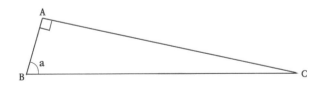

| 그림 1-5

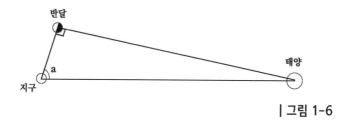

| 그림 1-6

〈그림 1-6〉에 무지하게 큰 직각삼각형이 있다.

반달이 떴을 때 반달, 지구, 태양을 연결한 삼각형이다. 반달과 태양을 연결한 선에 지구와 반달을 연결한 선은 수직이기 때문에 이 삼각형은 직각삼각형이다.

이 삼각형에서 각 a의 크기만 구하면 태양의 거리가 달의 거리의 몇 배인지를 알 수 있다. 지구에서 달과 태양의 거리가 얼마인지 정확히는 알 수 없지만 거리 비는 알 수 있다.

이것을 맨 처음으로 책에 적어 놓은 사람이 고대 그리스의 천문학자인 아리스타르코스이다. 약 2200년 전이다. 그가 측정한 각 a 값은 87°이다. 종이 위에 각 a가 87°인 직각삼각형을 그려서 두 변의 길이 비를 구해도 되지만 코사인 값을 이용해 보자.

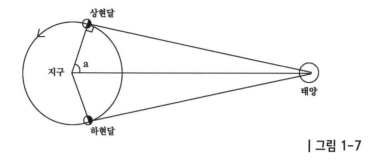

| 그림 1-7

$$\cos 87° = 0.0523 = \frac{지구와 \, 달의 \, 거리}{지구와 \, 태양의 \, 거리}$$

$$\frac{지구와 \, 태양의 \, 거리}{지구와 \, 달의 \, 거리} = \frac{1}{0.0523} = 19.12$$

이렇게 아리스타르코스는 지구와 태양의 거리가 지구와 달의 거리의 19배라는 사실을 알아냈다.

태양은 거리가 19배 먼데도 눈에 보이는 크기는 달과 같으므로 태양의 실제 크기가 달의 19배라는 사실도 알아냈다.

관측 값의 오차로 결과는 틀리게 나왔지만 태양이 달보다는 훨씬 멀리 있다는 사실은 알아냈다.

달의 거리에 비해 태양의 거리가 멀수록 〈그림 1-7〉에서 각a의 값은 90°에 가까워진다.

만약 태양이 매우 멀리 있으면 각 a는 90°이다. 이때는 상현달과 하현달이 마주 보고 있으므로 상현달에서 하현달까지 걸리는 시간이나 하현달에서 상현달까지 걸리는 시간이 같다.

하지만 실제 a의 값은 90°보다 약간 작으므로 상현달에서 하현달까지 걸리는 시간이 하현달에서 상현달까지 걸리는 시간보다 조금 길다. 그 시간 차이를 이용하여 a 값을 구할 수 있다.

실제 a 값은 89°51′으로 지구와 태양의 거리는 지구와 달의 거리의 약 390배이다.

5. 보름달은 둥근달인가?

■
　달을 빼고 추석을 생각할 수 없다.

　한국천문연구원에서는 매년 추석 때 보름달이 뜨는 시각, 가장 높이 뜨는 시각 등을 보도 자료로 알려 준다.

　다음은 2019년 보도 자료이다.

　9월 13일 한가위 보름달이 뜨는 시각은 서울을 기준으로 18시 38분이며, 가장 높이 뜨는 시각은 자정을 넘어 14일 0시 12분이다. 하지만 이때 달은 아직 완전히 둥근 모습이 아니다. 달이 태양의 반대쪽에 위치해 완전히 둥근달이 되는 시각은 추석 다음 날인 9월 14일 13시 33분이다. 그러나 이때는 달이 진 이후이므로 달을 볼 수 없다. 따라서 14일 저녁 월출 직후에 가장 둥근달을 볼 수 있다.

　이 보도 자료에 의하면 아쉽게도 2019년 추석에는 달의 왼쪽 부분이 약간 덜 찬 달을 보고 추석 다음 날 가장 둥근달을 보게 된다.

　〈그림 1-8〉은 추석과 추석 다음 날의 달의 위치를 나타낸다. 추석 다음 날에야 달이 완전히 동그래지는 태양 반대쪽으로 간다.

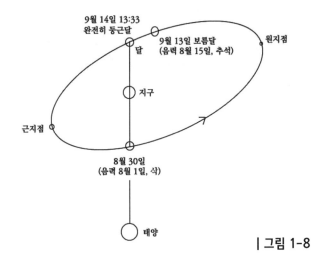

9월 14일 13:33
완전히 둥근달

9월 13일 보름달
(음력 8월 15일, 추석)

원지점

달

지구

근지점

8월 30일
(음력 8월 1일, 삭)

태양

| 그림 1-8

보름달은 완전히 둥근달이라는 등식이 언제나 성립하지 않는다.

보름달은 음력 15일에 뜨는 달이고 완전히 둥근달은 지구에서 봤을 때 정확히 태양 반대쪽에 있을 때이다. 음력 15일이라고 언제나 달이 태양 반대쪽으로 가지 않기 때문이다.

음력 1일에 달은 지구에서 봤을 때 항상 태양과 같은 방향에 있다.

〈그림 1-8〉처럼 태양-달-지구 순서로 일직선이 되는 시각은 음력 1일에 포함되도록 음력 날짜를 정한다. 만약 음력 1일에 일직선이 되지 않으면 전달의 음력 끝 날을 29일이나 30일로

조정하면서 항상 일직선이 되도록 만든다.

음력 1일에 출발한 달이 음력 15일이 되면 태양 반대쪽으로 가서 태양-지구-달의 순서로 일직선이 되면서 완전히 둥그런 보름달이 되어야 하는데 달은 일직선의 위치로 갈 때도 있지만 못 갈 때도 있고 지나칠 때도 있다.

음력 15일에 달이 정확히 태양 반대쪽으로 가지 않는 이유는 무엇인가?

달의 공전 궤도가 타원이라 달이 일정한 속도로 이동하지 않기 때문이다.

달과 지구의 거리가 가장 가까운 곳을 근지점, 가장 먼 곳을 원지점이라고 한다. 달의 거리가 가까우면 지구의 중력이 커져서 달은 더 빠른 속도로 공전한다. 근지점에서 공전속도가 가장 크고 원지점에서 공전속도가 가장 작다.

〈그림 1-8〉처럼 음력 1일과 15일 사이에 달과 지구 사이의 거리가 가장 먼 원지점이 있다면 그 기간 동안 달은 천천히 이동하므로 음력 15일에 반 바퀴 지점인 태양 반대 위치에 도착하지 못하게 된다. 음력 15일에 완전히 둥그런 보름달을 볼 수 없다. 음력 16일이나 17일이 되어야 비로소 둥그런 보름달을

보게 된다.

반대로 음력 1일과 15일 사이에 근지점을 통과하면 그 기간 동안 달은 빠르게 이동하여 음력 15일에는 반 바퀴를 더 돌게 된다. 완전히 둥근달을 음력 14일이나 13일에 보게 된다.

추석에 완전히 둥근달을 볼 수 있느냐는 음력 1일에 일직선이 되는 시각이 음력 1일 중 이른 시간이냐 늦은 시간이냐에도 영향을 받는다.

음력 1일 이른 시간에 일직선이 되면 달은 일찍 출발한 경우이므로 음력 15일에는 반 바퀴를 더 돌아 태양 반대쪽을 지나쳐 버린다. 추석 전날에 완전히 둥근 보름달을 보게 된다.

반대로 음력 1일 늦은 시간에 일직선이 되면 달은 늦게 출발한 경우이므로 음력 15일에는 태양 반대쪽에 미처 도착하지 못한다. 추석이 지나야 완전히 둥근달이 된다.

만약 〈그림 1-8〉의 근지점 근처에서 보름이 되었다면 그 보름달은 지구와 거리가 가까워서 다른 달보다 더 크게 보인다. 이때 뜨는 달을 슈퍼문이라고 한다.

원지점 근처에서 보름이 되면 그 달은 작은 보름달이라 미니문이라고 한다.

달의 거리는 가까울 때가 360,000km이고 멀 때가 400,000km다. 거리비가 1 : 1.11배이다. 거리 비는 눈에 보이는 달의 크기 비에 반비례하므로 미니문과 슈퍼문의 시직경의 비도 1 : 1.11이다. 면적 비는 지름 비의 제곱이므로 달의 면적은 슈퍼문이 미니문보다 1.11의 제곱인 1.23배 더 크다.

양력 1일에 보름달이 뜨면 달의 모양 변화주기인 삭망월이 29.5일이라 그 달 말인 30일이나 31일에 또 보름달이 뜬다. 한 달에 보름달이 두 번 뜨게 된다. 두 번째 뜨는 보름달을 블루문이라고 한다.

블루문에서 Blue는 '푸른'이라는 의미보다는 '우울한'이라는 뜻이 내포된 말이다. 서양에서는 동양과는 다르게 보름달을 불길하게 여겼기 때문에 붙여질 수 있는 이름이다. 미치광이를 뜻하는 Lunatic이란 단어도 달을 뜻하는 Lunar에서 나온 말이다.

영어에 Once in a Blue Moon이라는 말이 있다. 블루문이 뜰 때마다라는 의미이므로 매우 드물게라는 뜻을 가진 말이다. 가끔 일어난다는 뜻이다. 여기서 가끔은 어느 정도 기간일까?

보름달에서 다음 보름달까지 걸리는 시간이 29.5일이므로

100년에 1,237번의 보름달이 뜬다. 100년은 1,200개월이므로 1,237개의 보름달을 1,200개월에 나눠주면 37개월은 두 번의 보름달을 갖게 된다. 100년에 37번의 블루문이 뜬다. 대략 2.72년에 한 번씩 블루문이 뜬다.

2.72년에 한 번씩 일어나는 일이라면 Once in a Blue Moon이라는 말을 쓸 수 있다.

블루문과 슈퍼문은 둘 다 보름달이다. 두 달이 겹쳐질 때가 있다. 슈퍼문이 뜨면 얼마나 큰 달인지 확인하고 싶어 한다. 그게 블루문이면 어찌해야 하나? ■▪

6. 계속 떨어지는 달

세상에는 신기한 일이 많다. 아무리 과학으로 해명된다 할지라도 신기한 것은 어쩔 수 없다. 비행기 탈 때마다 느낀다. 날아가는 게 신기하다.

중국 장가계에 가보니 거기도 온갖 것이 신기하다. 억만 년의 침식으로 만들어졌다고는 하나 깊은 협곡과 높은 봉우리의 절경은 신기하기만 하다. 세상에는 신기한 일투성이다.

공중에 떠 있는 달도 신기할 뿐이다. 날아가지도 않고 땅으로 떨어지지도 않고 계속 떠 있다.

지구 중력으로 사과가 떨어진다고 한다. 사과보다도 더 무거운 달은 왜 안 떨어지는가?

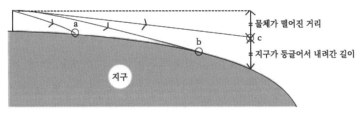

| 그림 1-9. 높은 곳에서 던져진 물체가 날아가는 동안 떨어진 거리가 지구가 둥글어서 내려간 길이와 같으면 그 물체는 지구를 계속 돈다

대포를 〈그림 1-9〉의 a처럼 수평으로 쏜다면 대포는 처음 폭약이 터졌을 때 받은 힘 외에는 더 이상 받는 힘이 없어서 수평 방향으로 일정한 속도로 날아간다. 그런데 지구에는 중력이 있다. 중력은 아래로 작용하는 힘이다. 포탄은 앞으로 가는 힘은 방해받지 않으므로 앞으로는 일정한 속도로 가지만 아래로 작용하는 중력을 받아 결국 그림처럼 지면으로 떨어진다.

대포를 b처럼 좀 더 빠르게 쏘면 지구 중력으로 포탄이 떨어지는 데 걸리는 시간은 a와 같다. 하지만 앞으로 가는 속도가 커서 그 시간 동안 포탄은 좀 더 멀리 날아간다. 포탄은 앞으로 가면서 계속 떨어진다.

만약 c처럼 어떤 속도로 쏜 포탄이 앞으로 날아가는 동안 떨어진 거리가 지구의 동그란 굴곡으로 지면이 내려간 길이와 같다면 포탄은 지면에 닿지 않고 일정한 높이를 유지한 채 영원히 떨어지면서 영원히 앞으로 가게 된다. 그 속도에서 포탄은 지표에 도달하지 못하고 계속 지구를 돌게 된다.

달도 그렇다. 〈그림 1-10〉처럼 달도 수평 방향으로 일정한 속도로 날아가면서 포탄이 떨어지듯이 지구 중력을 받아 계속 떨어지고 있다. 수평 방향으로 가면서 지구를 향해 떨어지는 거리가 달의 공전 궤도에서 벗어난 거리와 같기 때문에 달은 지구와 일정한 거리를 유지하며 지구를 공전하게 된다. 달

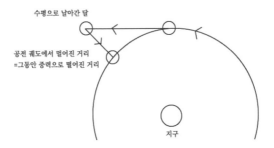

**| 그림 1-10. 수평으로 날아간 달이 공전 궤도에서 멀어진 거리와 그동안
중력으로 떨어진 거리가 같다면 달은 계속 지구를 돈다**

은 수평 방향으로 가는 속도가 절묘해서 쉬지 않고 지구를 향
해 낙하하지만 지구에 도달하지 못하고 지구를 계속 돈다. 수
평 방향의 속도가 없으면 달은 곧장 지구로 떨어진다.

　사과는 떨어지기만 한다. 하지만 사과도 수평으로 빠른 속도
로 던지면 중력으로 떨어지면서 앞으로 나아가기 때문에 지구
를 계속 돌 수 있다.
　물론 중력이 없으면 수평으로 계속 날아가면서 지구를 탈출한다.

　지구는 놀고 있지 않다. 자기 중력을 달을 떨어뜨리는 데 계속
쓰고 있다.
　지구가 놀고 있다면 달은 지구를 떠난다.
　사랑이라는 중력이 없으면 연인이 떠나버리는 것처럼.▪️

7. 옥토끼

달에 토끼가 있다는데 정말 있을까?

그럴 리야 없겠지만 달 표면의 어두운 부분이 토끼 모양 같아서 자연스럽게 나온 말이다.

〈그림 1-11〉의 왼쪽 그림에서 위쪽의 두 갈래로 갈라진 어두운 부분은 누가 봐도 토끼 귀처럼 생겼다. 어두운 부분을 연결해 보면 가운데 그림처럼 토끼를 연상할 수 있다. 그래서 달 표면의 얼룩진 부분을 중국, 일본, 우리나라에서는 토끼가 떡방아를 찧고 있는 모습으로 보았다. 그런데 같은 모양을 서양에서는 오른쪽 그림처럼 책을 들고 있는 소녀의 모습으로 본다. 그것 역시 그럴듯하다.

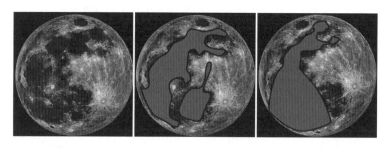

| 그림 1-11

달 표면의 일부가 어둡게 보이는 이유는 무엇일까?

달은 생성 초기에는 마그마 덩어리였다. 초창기의 달 주변에는 무수히 많은 운석들이 있었다. 그 운석들이 달과 충돌할 때 생긴 열 때문에 달이 마그마 상태였다. 그 후 운석 충돌이 뜸해지면서 달은 서서히 식어 갔다. 초기의 달은 식어 가면서도 계속 화산이 터졌고 이때 흘러나온 용암은 달의 낮은 곳으로 흘러들어 갔다. 그 용암의 성분이 현무암이고 현무암은 검은색이라 용암이 흘러들어 간 곳은 어둡게 보인다.

용암이 흘러들어가 어둡게 보이는 낮은 곳을 달의 바다라고 한다. 밝게 보이는 부분은 상대적으로 높은 곳이라 고지라고 부른다.

고요의 바다, 폭풍의 바다 등은 어둡게 보이는 낮은 곳에 붙여진 이름이다.

달의 표면에는 무수히 많은 운석구덩이가 있는데 이런 구덩이들은 초창기의 달에 주변의 운석이 떨어지면서 생긴 것들이다.

달 표면이 집중포화를 받았다.

초기의 달은 높은 곳이나 낮은 곳에도 많은 운석구덩이가 있었지만 낮은 곳에 용암이 흘러들어 가면서 운석구덩이를 덮어 낮은 곳에 생긴 초기의 구덩이들은 없어졌다. 그래서 달의 바다에는 고지보다 운석구덩이들이 적다. 달의 바다는 고지에 비해 매끄럽다고 할 수 있다.

달 표면은 마치 골프장과 비슷하다. 골프장은 잔디로 덮여 있지만 곳곳에 움푹 파인 벙커가 있다. 잔디로 덮여 있는 곳이 달에서는 고지이고 벙커는 달의 바다에 해당한다. 다만 골프장 벙커는 모래가 있어 하얗게 보이고 달의 바다는 용암이 덮여 있어서 검게 보일 뿐이다.

골프 마니아는 달 표면을 보고 골프장을 생각할 수도 있다.

달에 관한 수업을 시작할 때 학생들에게 보름달 사진에서 어둡게 보이는 얼룩진 부분을 그려보라고 한다. 아무리 자세히 보아도 실제로 그려보는 것보다는 못하기 때문이다. 달 표면을 한 번쯤 그려본 사람은 보름달을 단지 둥글게만 보고 마는 것이 아니라 사람 얼굴을 꼼꼼하게 뜯어보듯이 달의 눈도 보고 코도 보고 자세하게 보지 않겠는가? ▪▪

8. 공통점 찾기

■ 다음 인물의 공통점을 찾으시오.

1. 코페르니쿠스
2. 아리스토텔레스
3. 프톨레마이오스
4. 헤라클레스
5. 케플러
6. 가가린
7. 도플러
8. 칸트

9. 멘델레예프
10. 쥘 베른
11. 아사다
12. 티코
13. 멘델
14. 퀴리
15. 아보가드로

바로 떠오르는 공통점이 과학자일 것이다. 하지만 헤라클레스
나 칸트, 쥘 베른도 있어서 과학자는 아니다. 서양 사람이 대부
분이지만 아사다라는 사람은 동양인 같다. 모두 남자, 죽은 사
람 등도 공통점이 되긴 하지만 이런 공통점은 모두 코가 한 개
야라는 공통점과 같으니 정답에서 제외된다.

공통점을 찾기가 쉽지 않다. 눈치 빠른 사람은 가가린, 쥘 베른

등에서 공통점을 생각해 낼 수도 있을지 모르겠다. 가가린은 최초의 우주인이고 쥘 베른은 달에 관한 소설을 쓴 사람이니까.

정답은 달의 지명이다. 달의 크레이터나 산맥, 어둡게 보이는 저지대에 붙여진 이름이다. 달 지명에는 대부분 유명 과학자의 이름을 붙였지만 과학자가 아닌 철학자와 같은 유명인도 있다.

지형의 특성을 따라서 이름을 붙이는 경우도 있다. 고요의 바다, 맑음의 바다, 풍요의 바다처럼 어둡게 보이는 부분은 바다라는 명칭으로 불린다. 이 중 고요의 바다는 아폴로 11호가 착륙한 지점이다. 밝게 보이는 부분은 높은 곳이다. 달에도 알프스산맥과 히말라야산맥이 있다.

아폴로 우주비행사의 이름을 붙인 지명도 있고 중국 달 탐사선 창어의 달 착륙을 기념하기 위해 견우와 직녀에 해당하는 중국어를 붙인 지명도 있다.

현재 달의 지명 지정은 국제천문연맹에서 관리하고 있다.

아인슈타인이라는 지명도 있을까? 물론 있다. 달의 앞면 왼쪽에 있다.

달을 늘 들여다보며 달의 지명을 시험 보듯이 달달 외우는 마니아들도 있다. 100점 맞은 사람의 이름도 하나 붙여 줘야 하지 않을까? ▰▪

9. 구원 투수

하늘이 오락가락한다. 학생들과 별을 보러 왔는데 날이 도와주질 않는다. 목성이 보였다가 사라지기를 반복한다. 목성의 위성을 보자고 꼬드겨서 왔는데 날을 보니 목성은 보기가 어려운 실정이다. 아예 비가 오면 철수를 하련만 그러기에는 어정쩡하다.

학생들은 잔뜩 기대를 하고 있다. 애가 탈 노릇이다.

이럴 때 구원 투수가 나서야 된다. 달이다. 달은 구름 속에서 왔다 갔다 하고 있다. 목성만 있는 게 아니야 나도 있어라고 중얼대고 있다.

달을 보자. 아무도 반응이 없다. 목성 보러 왔지, 달이라니. 늘 보는 달인데, 시큰둥하다.

니들이 망원경으로 달을 본 적 있냐? 니들이 게 맛을 알아?

한두 학생이 마지못해 보러온다. 보는 순간 움찔한다. 예상과 다르기 때문이다. 렌즈 안의 달은 눈이 부시게 밝다. 등불처럼 밝다. 일단 밝기에 놀란다. 밝기에 익숙해지면 움푹 파인 구덩

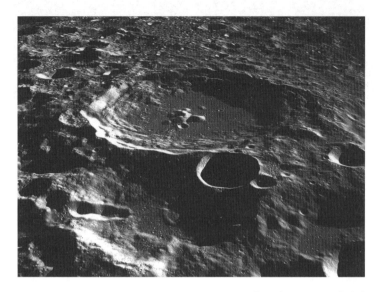

| 그림 1-12. 크레이터

이가 촘촘하게 있는 것을 보고 또 놀란다. 달의 표면은 맹탕인 줄 알았는데 이런 것들이 있다니. 게 맛을 아는 순간이다. 저절로 탄성이 나온다. 구덩이 하나하나가 제주도에서 본 분화구 같다. 더욱이 햇빛이라는 조명을 받아 밝은 화면 속에서도 그늘진 곳은 어둡게 보여 더욱 멋지게 보인다. 명암이 뚜렷하다.

먼저 본 학생들의 만족스런 표정에 다른 학생들도 모여든다. 다들 달을 몰라봤다는 표정들이다. 위기에 처한 경기를 달이 살려줬다. 구원 투수 역할을 톡톡히 한 것이다.

학생들의 시선을 끈 움푹 파인 구덩이가 바로 크레이터다. 운석들이 고속으로 충돌하면서 파인 곳이다. 충돌 때 튀어 올라간 돌들은 크레이터 주변에 쌓여 동그랗게 울타리를 만든다.

예전에는 크레이터가 화산 활동으로 생겼다고 생각하기도 했다. 하지만 아폴로 탐사선이 가져온 달 암석에서 고온의 열을 받아 변성된 광물이 발견되었다. 그런 고온의 열은 충돌 때만 생길 수 있기 때문에 크레이터는 화산 활동이 아닌 충돌로 생겼다는 것이 확실해졌다.

달에 이렇게 크레이터가 많은 이유는 무엇인가?
지구나 달의 생성 초기로 거슬러 올라가 보자. 지구나 달은 작은 암석들이 모여 생성되었다. 지구와 달이 완성된 이후에도 아직은 주변에 작은 암석들이 많았고 이것들이 계속 떨어지면서 크레이터를 만들었다.
달의 크레이터의 생성 시기는 달의 나이와 거의 비슷하다. 달 생성 초창기에 생겼다고 보면 된다. 지구는 대기가 있어서 지표에서 풍화, 침식 작용으로 초창기에 생긴 크레이터가 없어졌지만 대기가 없는 달에는 크레이터가 그대로 남아 있게 되었

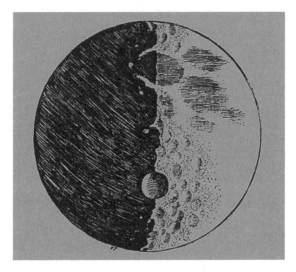

| 그림 1-13

다. 지구에서 바닷가 모래사장에 있는 발자국은 곧 없어지지만 달에 있는 우주인의 발자국은 세월이 흘러도 그대로 변하지 않고 있는 것과 같다.

그 이후에도 달은 운석 공격을 많이 받았다. 대기가 없기 때문에 무차별 공격을 받는다. 대기가 있으면 달로 떨어지는 운석은 대기와 마찰로 중간에 타버리지만 대기가 없으니 무방비 상태이다.

〈그림 1-13〉은 갈릴레이가 자기가 만든 망원경으로 본 달의 표면을 그린 것이다. 햇빛을 받아 빛을 내는 밝은 부분과 어둡게 보이는 곳의 경계가 들쭉날쭉하다. 지표가 평탄하지 않다는

뜻이다. 어두운 곳으로 길쭉하게 밝게 보이는 부분은 주변보다 높은 지역이다. 더욱이 햇빛을 받지 않는 어두운 지역인데도 경계선 바로 옆에 밝게 보이는 점들이 있다. 그곳에는 높은 산이 있고 그 산의 윗부분만 햇빛을 받아 밝게 보인다.

이처럼 갈릴레이는 달에는 높은 산도 있고 낮은 계곡도 있다는 것을 확인했다.

물론 당시 사람들은 믿지 않았다. 달 표면이 울퉁불퉁하다니! 달 표면은 매끄러워야 한다는 것이다. 갈릴레이가 망원경으로 확인을 해줘도 믿지를 않았다. 망원경은 믿을 수 없다는 것이다.

하기야 맨눈으로 봐도 믿을 수 없을 때는 눈을 의심하는 것이 사람이니까.■▄

〈한마디 더〉

—광조

〈그림 1-14〉의 아랫부분에는 사방으로 뻗어 나가는 하얀색의 줄무늬가 있다. 마치 기차선로가 출발지점에서 방사선 모양으로 뻗어 나가는 모양이다. 이런 모양은 어떻게 생겼을까?

　달에 커다란 물체가 충돌하면서 그 충격량으로 파편들이 사방으로 흩어져 나가 생긴 지형이다. 공기가 없는 달에서는 파편이 흩어진 초기 상태의 모양대로 고스란히 보존된다. 충돌

| 그림 1-14

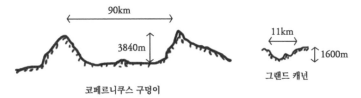

코페르니쿠스 구덩이

그림 1-15

지점에서 사방으로 햇살이 뻗어 나가는 모양이다. 그래서 이런 지형을 빛이 뻗어 나간다는 뜻으로 광조(光條, Crater Rays)라고 한다.

달에는 몇 개의 광조가 있다. 달의 아랫부분의 가장 큰 광조는 티코 구덩이에서 뻗어 나간 것이다.

〈그림 1-14〉에서 중간 부분에 있는 방사선의 광조가 있는 구덩이가 코페르니쿠스 구덩이이다.

〈그림 1-15〉에서 코페르니쿠스 구덩이와 지구의 그랜드캐니언의 규모를 비교해 보시길.

—과학 캠프

학생들과 1년에 한 번은 과학 캠프를 간다.

공부에 찌든 학생들은 모처럼 집을 떠나니 마냥 좋아한다.

바닷가에 드러누워 밤하늘의 별들을 감상한다.

견우성도 보고 직녀성도 보고 그 사이의 은하수도 보고. 달도 보고.

행성이 있으면 더 좋다. 목성의 위성, 토성 고리도 본다. 망원경으로 행성을 포착하는 일이 쉽지는 않다. 학생들은 목을 빼고 기다리고 있다. 선생님 어서 보여 주세요. 내 것도 아닌데 내 것인 것처럼 보여 준다.

어느 해에는 별자리만 보고 왔다.

선생님 망원경 경통이 없어요. 망원경의 삼각대, 가대, 무게추만 차에 싣고 경통은 학교에 두고 온 것이다.

| 그림 1-16. 과학 캠프에서 태양 흑점 관찰

10. 낮에도 깜깜한 하늘

칠흑 같은 밤이다.

눈을 뜨나 감으나 똑같다. 어디에도 빛이 없다.

이때 등 뒤에서 전등이 켜졌다. 훤해진다. 밝음을 느낀다.

밝음을 느꼈다는 것은 빛이 내 눈으로 들어온 것이다.

등 뒤에서 나온 전등 빛이 어떻게 내 눈으로 들어올 수 있는가?

전등에서 나온 빛은 직진하다가 공기 입자들과 충돌하여 사방 팔방으로 흩어진다. 흩어진 빛이 내 눈앞에 있는 공기 입자와 충돌하여 내 눈으로 들어왔다.

전등을 태양이라고 생각하면 대기가 있는 지구에서 내 뒤에 태양이 있어도 하늘이 훤한 이유이다. 뒤에서 오는 햇빛이 대기 중의 공기 입자들과 충돌하여 내 눈으로 들어왔다.

대기가 없으면 사정이 달라진다.

대기가 없으면 내 뒤에서 전등이 켜져도 여전히 깜깜하다. 전등에서 나온 빛은 내 앞으로 쭉 뻗어나가기만 하지 공기 입자와 충돌하면서 방향을 틀어 내 눈으로는 들어올 수 없기 때문이다.

달에도 대기가 없다. 빛이 대기와 충돌할 일이 없다.

해가 떠 있는 낮에도 해를 쳐다보지 않는 한 하늘은 깜깜하다. 햇빛이 대기와 충돌하여 눈으로 들어오지 않는다. 파란하늘은 엄두도 못 낸다.

하늘이 깜깜하니 낮에도 별을 볼 수 있다. 그 별들은 지구에서처럼 깜빡이지는 않고 동그란 점으로만 보인다. 별빛이 대기에 굴절되지 않기 때문이다.

밤과 낮의 중간 상태도 없다. 저녁노을을 볼 수 없다. 해가 지는 순간 바로 깜깜해진다. 지구에서는 그림자 속으로 발을 넣어도 발이 어렴풋이 보인다. 공기 입자와 충돌한 주변의 빛이 발에 닿아 반사되기 때문이다. 달에서도 햇빛 때문에 그림자가 생긴다. 달에서 그림자 속으로 발을 넣는다면 그림자 속의 발은 전혀 보이지 않는다. 시야에서 발이 없어진다. 대기가 없어서 발로 가는 주변의 빛이 없기 때문이다. 흑과 백의 경계가 뚜렷하다.

대기는 지표를 덮고 있는 이불과 같다. 온도 변화를 조절할 이불이 없기 때문에 낮과 밤의 온도차가 심하다. 낮에는 영상 130도까지 올라가고 밤에는 영하 170도까지 떨어진다. 순식간에 더워졌다가 순식간에 추워진다. 냉탕에서 온탕으로 왔다 갔다 하는 격이다.

바람이 불지 않아 지표 침식이 일어나지 않는다. 아폴로 우주인의 발자국은 시간이 흘러도 그대로 있다.

© NASA

| 그림 1-17. 낮에도 깜깜한 달의 하늘

달이 움직이면서 토성이나 목성 등의 행성을 가릴 때 달에 대기가 없다는 것을 처음으로 눈치챘다. 달에 대기가 있다면 행성에서 나온 빛이 달의 대기에 굴절되어 경계가 흐릿해야 하는데 대기가 없어서 달과 행성의 경계가 뚜렷하기 때문이다.

이 세상 어디에나 양지와 음지가 있다. 달에도, 지구에도 양지와 음지가 있다.

양지와 음지의 빈부 격차가 더 심한 곳이 달이다. 빈부 격차를 해소하기 위해 부자가 낸 세금이 가난한 사람에게 가듯이 지구에서는 대기가 세금 역할을 한다. 대기를 통해 못사는 음지에도 빛이 흘러들어 간다. ◾▪

〈한마디 더〉

—달에 대기가 없는 이유

행성이 대기를 가지려면 행성의 탈출속도가 대기의 운동속도보다 커야 한다.

이게 무슨 소리인가?

지구의 예를 들어보자. 지구의 탈출속도는 11.2km/s이다. 11.2km/s보다 빠르게 움직이는 물체는 지구를 탈출한다는 뜻이다. 지구 대기는 운동속도가 11.2km/s보다 작아서 지구를 탈출하지 못하고 지구에 묶여 있다. 달의 탈출속도는 2.4km/s이다. 달의 대기의 운동속도는 2.4km/s보다 커서 달을 탈출했다. 지구보다 탈출하기 쉽다.

달의 탈출속도는 왜 작은가?

탈출속도는 천체의 반지름이 작을수록 크다. 반지름이 작으면 표면에 있는 물체와 천체의 거리가 가까워서 물체를 잡아당기는 힘이 크기 때문이다. 달은 반지름이 지구보다 작아서 탈출속도가 지구보다 커야 한다. 그러나 탈출속도는 질량에도 영향을 받는다. 당연히 질량이 클수록 크다. 잡아당기는 힘이 크기 때문이다. 질량만 고려하면 달의 질량이 지구보다 작아서 달의 탈출속도는 지구보다 작다.

그런데 달은 크기에 비해 질량이 더 작아서 결국 달의 탈출속도는 지구보다 작다.

대기의 운동속도는 천체의 표면 온도로 결정된다. 대기 온도가 높을수록 운동이 활발하기 때문이다. 달이나 지구는 태양과 거리가 비슷하므로 표면 온도는 같다. 달과 지구의 대기는 운동속도가 같다. 그런데 그 대기들의 운동속도가 지구와 달의 탈출속도의 중간이다. 크기를 비교해보면, 지구의 탈출속도>달과 지구 대기의 운동속도>달의 탈출속도이다. 그래서 지구에서는 대기들이 운동속도가 지구의 탈출속도보다 작아서 묶여 있고 달에서는 대기들의 운동속도가 달의 탈출속도보다 커서 달을 탈출했다. 달에 대기가 없는 이유이다.

가벼운 기체들은 같은 온도에서도 운동이 더 활발하기 때문에 지구에서도 수소나 헬륨 같은 가벼운 기체들은 지구를 탈출했다. 목성은 탈출속도가 크다. 61km/s나 된다. 태양과 거리가 멀어서 표면 온도도 낮다. 목성의 기체들은 탈출하기 어렵다. 수소나 헬륨과 같은 가벼운 기체들도 붙잡혀 있다.

─헬륨3

태양에서 오는 입자 중 헬륨3가 있다. 보통의 헬륨에 비해 중성자 1개가 적은 헬륨이다. 헬륨3는 양성자 2개와 중성자 1개로 된 헬륨이다. 지구에는 없지만 태양에는 많다. 태양에서 방출된 이 헬륨3가 달에 쌓여 있다. 달에 대기가 없어서 태양에서 오는 태양풍 입자들이 무차별적으로 들어오기 때문이다. 이 헬륨3가 양성자 1개와 중성자 1개로 된 중수소와 핵융합 반응이 일어나면 정상적인 헬륨이 되면서 막대한 에너지를 방출한다. 방사능 피해도 없다.

헬륨3는 대기가 없는 달에 쌓여 있는, 달 탐험 국가들이 눈독을 들이는 미래의 에너지 자원이다.

11. 선명하게 보이는 달

■ 〈그림 1-18〉은 접시와 백자이다. 하나는 원을, 다른 하나는 공을 플래시를 터트리고 찍은 사진이다.

두 장의 그림은 가장자리의 밝기가 서로 다르다. 접시는 가운데나 가장자리나 밝기가 같다. 그러나 백자는 가운데는 밝고 가장자리로 갈수록 어둡다.

이렇게 가장자리의 밝기가 서로 다른 이유는 무엇일까? 원은 플래시 빛을 그대로 앞으로 반사하기 때문에 가운데나 가장자리나 밝기가 같다.

| 그림 1-18

© NASA

| 그림 1-19

　공은 둥글기 때문에 공의 가운데 부분은 빛이 온 방향 그대로 빛을 앞으로 반사하지만 공의 가장자리 부근은 빛이 경사지게 입사되므로 온 방향과 다르게 옆으로 반사한다. 따라서 공의 가운데 부분이 밝고 가장자리로 갈수록 어두워지게 된다.

　보름달은 공이다. 보름달이 햇빛이라는 플래시를 받으면 백자처럼 보여야 한다. 가운데는 밝고 가장자리로 갈수록 어둡게 보여야 한다.

　하지만 〈그림 1-19〉 같이 보름달은 접시처럼 가운데나 가장자리나 밝기가 같다.

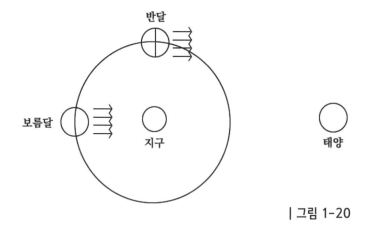

| 그림 1-20

가장자리도 밝게 보이는 이유는 무엇일까?

달의 표면은 매끄럽지 않다. 상당히 거칠다. 달의 표면에는 운석이 떨어질 때 생긴 파편이 그대로 쌓여 있기 때문이다. 표면이 거칠다는 것은 입자들이 방향성이 없게 쌓여 있다는 것이다. 방향성이 없어서 거친 표면의 입자들이 달의 가운데 있든지 가장자리에 있든지 빛을 거의 직각으로 받게 된다. 직각으로 빛을 받으면 입사되는 빛을 원래 온 방향으로 그대로 반사하게 되어 달의 어떤 면이든지 밝기가 같다.

사진 찍을 때 모든 사람이 카메라를 향해 얼굴을 내밀고 있는 것과 같다. 아마 달 표면이 매끄럽다면 달도 백자처럼 찍힐 것이다.

보름달이 반달보다 매우 밝게 보이는데 이것도 달 표면이 거칠기 때문에 나타나는 현상이다.

달의 표면이 거칠기 때문에 달은 빛이 들어온 방향으로 되반사한다.

〈그림 1-20〉처럼 보름달이 반사하는 빛의 방향은 지구이지만 반달이 반사하는 빛의 방향은 태양 방향이다. 반달에서는 지구로 오는 빛이 거의 없다. 보름달의 면적은 반달의 2배이다. 면적이 2배면 밝기도 2배가 되어야 한다. 하지만 이런 이유로 보름달은 반달에 비해 2배가 아니라 12배 정도 밝다.

앞의 〈그림 1-18〉에서 백자보다 접시가 더 선명하게 보이지 않는가?

가장자리도 밝은 보름달.

보름달이 유독 선명하게 보이는 이유이다. ■▪

〈한마디 더〉

―달무리 지면 비가 온다

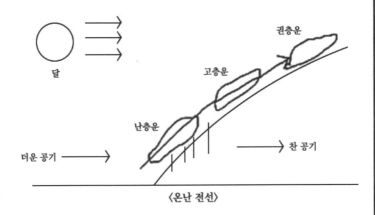

| 그림 1-21

　아무리 선명하게 보이는 달일지라도 달빛이 구름을 통과하면 그 달은 뿌옇게 보인다.

　특히 〈그림 1-21〉처럼 달빛이 권층운을 통과해 올 때는 권층운 속의 빙정과 반사되거나 굴절되어 달 주변에 동그란 빛의 띠가 생긴다. 이 띠를 달무리라고 한다.

| 그림 1-22. 달무리—서쪽 하늘에 있는 달무리라면 곧 비가 올 징조이다

　권층운은 온난 전선상에서 〈그림 1-21〉처럼 고도가 높은 곳에 생기는 구름이다. 높아서 빙정을 많이 포함하고 있다. 빙정이 많아서 달무리가 생기기 쉽다. 서쪽에 달무리가 질 때는 서쪽에 권층운도 있다는 뜻이다. 우리나라는 편서풍대라 모든 기상 현상은 서에서 동으로 이동한다. 서쪽에 있는 이 권층운은 편서풍을 타고 다가온다. 권층운은 온난 전선에서 생긴 구름이라 온난 전선이 오면서 비가 오게 된다. 그래서 '달무리 지면 비가 온다'라는 속담이 생겼다. 동쪽의 달무리는 온난 전선이 이미 지나간 상태라 비를 예보하지 않는다.

12. 달의 호수에 비친 달

초승달은 눈썹처럼 가늘게 보이는데 나머지 부분도 〈그림 1-23〉처럼 어렴풋이 보일 때가 있다.

이런 달을 누군가와 같이 보면 항상 다음과 같은 멘트가 이어진다.

빛나지 않는 나머지 부분도 희미하게 보이지? 왜 그런지 알아?

© NASA

| 그림 1-23. 지평선 위의 달

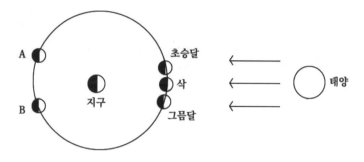

| 그림 1-24

답할 기회도 주지 않고 바로 아는 체를 한다.

　달에서 지구를 보면 지구도 달처럼 보여. 지구가 반사한
　햇빛이 달에 비치는 거야.

　결국 달은 햇빛도 받지만 지구 빛도 받고 있는 거지. 받고 있
는 두 빛을 모두 반사하고 있지만 지구 빛이 햇빛보다는 약해
서 햇빛을 반사하는 부분은 밝게 보이고 지구 빛을 반사하는
부분은 희미하게 보이는 거야.

　달에 호수가 있다면 그 호수에 지구라는 달이 비칠 거야.

　나중에라도 달을 보게 되면 어렴풋이 보이는 부분이 있는지
꼭 확인해봐라고 당부도 한다.

　대화는 여기서 끝나지만 좀 더 아는 체를 해본다.

〈그림 1-24〉의 초승달에서 지구를 보면 지구는 거의 보름달로 보인다. 그래서 초승달이 지구 빛을 더 많이 받는다. 초승달은 어렴풋이 빛나는 부분이 다른 달보다 더 잘 보인다.

그믐달도 마찬가지이다.

그림의 A나 B의 달처럼 반달보다 큰 달에서 지구를 보면 지구는 초승달이나 그믐달로 보인다. 달에서 보면 지구의 뒤가 빛나고 있기 때문이다. 따라서 반달보다 큰 달은 지구 빛을 받지 못해 어렴풋이 보이는 부분이 없다.

그림의 삭에 있는 달에서 지구를 보면 지구는 보름달로 보인다. 지구 빛을 많이 받고 있으므로 지구에서 보면 어렴풋이 보여야 하지만 보이지 않는다. 삭일 때는 달이 태양과 같은 방향에 있어서 달은 낮에 보이고 낮에 달이 지구 빛을 반사할지라도 하늘이 밝아서 보이지 않는다. 별이 낮에 안 보이는 것과 같다.

아는 체가 아니라 잘난 체를 해볼까.

이처럼 달이 지구 빛을 반사하는 현상을 지구조(地球照, Earthshine)라고 한다. ■

13. 지평선에 있는 달은 왜 크게 보일까?

길은 뻥 뚫려 있다. 이제 가까이 보이는 산모퉁이만 돌면 목적지에 도달한다. 느긋하게 모퉁이를 도는 순간 깜짝 놀란다. 바로 눈앞에 커다란 달이 갑작스레 나타났기 때문이다.

땅 끝에서 떠오르고 있는 달이 유난히 크게 보인다.

지평선 근처의 달은 왜 이리 크게 보일까?

〈그림 1-25〉에서 동그란 원의 실제 크기는 같다. 하지만 위의 원이 더 크게 보인다.

그림의 원은 작은 삼각형 속에 있어서 상대적으로 크게 보인다. 같은 크기의 물체도 주변 물체의 크기에 따라 실제 크기가 크게 보이기도 하고 작게 보이기도 한다.

지평선 근처의 달과 하늘 높이에 있는 달의 크기가 달리 보이는 이유도 그림으로 설명할 수 있다.

우리 눈은 머리 위의 물체보다 땅끝에 있는 물체를 작게 본다고 한다. 지평선 근처의 구름을 머리 위의 구름보다 작게 본다. 결국 지평선 근처의 달은 지평선 근처의 주변 물질이 작게 보

| 그림 1-25

이므로 〈그림 1-25〉처럼 작은 물체 속에 있기 때문에 실제보다 크게 보인다. 반면에 하늘 높이 있는 달은 주변 물질이 크게 보이므로 큰 물체 속에 있게 되어 실제보다 작게 보인다.

한가위에 큰 보름달을 보려면 지평선에 떠오르는 달을 보시라.

〈한마디 더〉

—달이 떠오르는 데 걸리는 시간

〈그림 1-26〉처럼 지평선 아래에 있던 달이 지평선 위로 동그란 모습을 드러내는 데 걸리는 시간은 얼마일까?

사실 달이 떠오르는 것이 아니라 달은 그대로 있고 지구 자전으로 지평선이 내려가는 것이다.

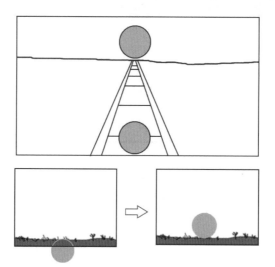

| 그림 1-26

달이 동그란 모습을 드러내는 데 걸리는 시간은 지구가 달의 각지름만큼 자전하는 데 걸리는 시간과 같다.

지구는 360° 자전하는 데 하루 걸리므로 한 시간에 15° 자전한다. 15° 자전하는 데 60분 걸리므로 1° 자전하는 데 4분 걸린다.

달의 각지름은 0.5°이다. 0.5° 자전하는 데 2분 걸린다.

지평선에 걸린 달이 떠오르는 데 걸리는 시간은 2분이다.

많은 사람들이 새해 첫날 동해 바다로 떠오르는 새해를 보러 간다.

해의 각지름도 달과 마찬가지로 0.5°이다.

새해가 떠오르는 데 걸리는 시간은 2분이다.

한눈팔면 놓치기 십상이다.

14. 한가위 보름달

보름달은 추석의 주인공이다. 모든 사람이 바라본다.

보름달은 추석에 사람들의 기대를 저버리지 않고 여름보다 높이 뜬다.

높게 뜨기도 하지만 밝기도 여름보다 더 밝다.

한가위 보름달, 높게 떠 있으면서 밝으니 말 그대로 풍요로운 달이다.

풍요로운 이유를 알아보자.

〈그림 1-27〉은 지구의 자전축과 지구의 공전 궤도면이 수직인 경우이다. 지구가 A에 있을 때 태양은 지구 적도 상공에 있다. 지구 적도가 가장 많은 햇빛을 받는다.

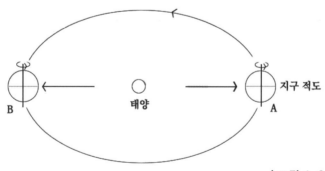

| 그림 1-27

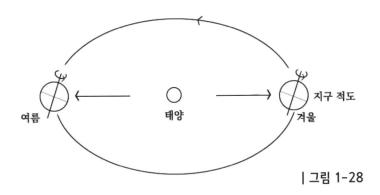

| 그림 1-28

　6개월이 지나 지구가 B로 갔을 때도 마찬가지로 태양은 적도 상공에 있고 적도는 햇빛을 가장 많이 받는다. 다른 위도도 햇빛을 받는 양의 변화가 없다. 태양의 고도가 변하지 않으면서 계절의 변화가 생기지 않는다.

　그런데 실제 지구의 자전축은 〈그림 1-28〉처럼 지구 공전 궤도면에 대해 기울어져 있다.

　북반구에서는 오른쪽 지구의 위치가 겨울이다. 겨울에는 태양이 적도 아래로 내려간다. 남반구가 햇빛을 많이 받으므로 북반구는 겨울이다.

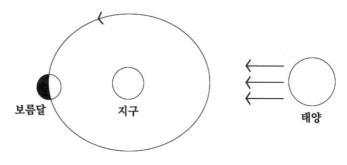

| 그림 1-29

6개월이 지나면 태양은 적도 위로 올라간다. 북반구가 햇빛을 많이 받으므로 북반구는 여름이다. 지구의 자전축이 기울어진 바람에 태양의 고도가 변하면서 계절 변화가 생긴 것이다.

지구 공전 궤도면에 대해 자전축이 기울어진 바람에 북반구에서 태양의 고도가 여름에는 높아졌고 겨울에는 낮아졌다.
달의 공전 궤도면은 지구의 공전 궤도면과 거의 일치한다.

두 면이 일치하므로 지구 공전 궤도면에 대해 기울어져 있는 지구 자전축은 달의 궤도면에도 마찬가지로 기울어져 있다. 달도 태양처럼 지구 적도 위를 오르내리고 있다는 뜻이다.
〈그림 1-29〉는 보름달이 떴을 때 지구, 달, 태양의 위치를 나타낸다.
보름달과 태양은 반대 위치에 있다. 마주 보고 있다.

I. 달달 무슨 달

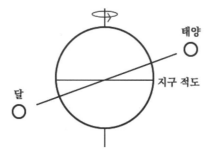

| 그림 1-30. 여름에 태양이 북반구로 오면 맞은편에 있는 보름달은
          남반구로 간다

마주 보고 있으므로 여름인 곳에 태양이 있으면 보름달은 겨울인 곳에 있다.

여름에 태양이 높이 뜨므로 보름달은 태양과 반대로 낮게 뜬다.

겨울에 태양이 낮게 뜨므로 보름달은 태양과 반대로 높게 뜬다.

여름에 낮게 뜨는 보름달은 찬바람이 불기 시작하면 태양과는 반대로 고도가 점점 올라간다.

그래서 추석에는 보름달이 여름보다 높게 뜬다.

달이 지평선 끝에 있으면 〈그림 1-31〉처럼 달빛이 대기층을 길게 통과해서 달빛이 대기에 흡수되지만 달이 높이 뜨면 대기층을 짧게 통과하므로 대기에 흡수되는 달빛이 적어 달은 더 밝게 보인다.

여름보다 높이 뜬, 추석에 뜬 달이 더 밝은 이유이다.

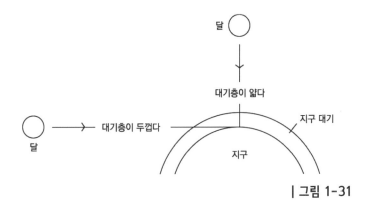

| 그림 1-31

추석의 달이 더 빛나는 또 다른 이유가 있다.

여름에는 지표의 가열로 상승기류가 많이 생긴다. 상승기류는 대기 중의 수증기를 응결시켜 물방울이 많아진다. 대기의 투명도가 낮아진다. 흐린 날이 많다. 상승기류는 지표의 먼지도 상승시킨다. 하늘을 뿌옇게 만든다.

가을이 되면 기온이 낮아지면서 대기가 안정되어 상승기류가 없어진다. 청명한 하늘이 된다.

달이 더 빛나게 된다.

이런 이유로 가을에는 달이 더 밝아진다. 같은 이유로 가을에서 겨울로 가면 달은 더 밝아진다. 하지만 추워서 달 볼 일이 없다. 추석에 뜨는 달을 겨울에 뜨는 달과 비교할 일은 없다. 한가위 보름달은 여름에 뜨는 보름달보다는 밝다. ▪▪

Ⅱ. 차고 기우는 달

1. 달도 차면 기운다

높은 곳에 있을 때 잘하라는 말이 있다. 권력이나 인기가 영원하지 않기 때문이다. 달도 차면 기우는 법이다. 커다란 둥근달이 매일 떠오르지는 않는다. 우쭐대지 말라는 얘기다.

보름달은 우쭐대지 않는다.

달이 차오르고 기우는 과정을 알아보자.

어둠 속에서 달은 보이지 않는다. 스스로 빛을 내지 않기 때문이다. 스스로 빛을 낸다면 언제나 동그랗게 보인다. 그럼에도 달이 보이는 이유는 햇빛이라는 조명을 받기 때문이다. 햇빛이라는 조명하에서 모델처럼 이동해가며 전신을 보여 주다가 옆모습도 보여 주고 몸의 일부분만 살짝 보여 주기도 한다.

〈그림 2-1〉은 지구를 공전하는 달의 위치에 따른 모양을 보여 준다.

공전 궤도상의 달은 햇빛을 받아 어느 위치에 있든지 태양 쪽만 빛나고 있다. 〈그림 2-1〉에서 달의 오른쪽이다. 그 빛나는

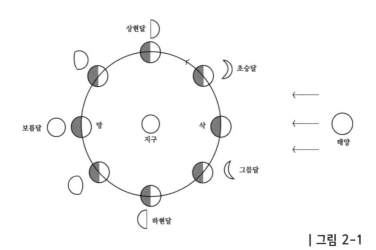

| 그림 2-1

부분이 달이 공전함에 따라 지구에서 보면 다르게 보인다. 보름달은 빛나는 부분이 지구 쪽이므로 둥글게 보이고 삭일 때는 빛나는 부분이 달의 뒤쪽이므로 보이지 않는다.

상현달은 오른쪽이 빛나는 반달로 보인다. 하현달은 반대이다.

달을 무대 위의 가수라고 하면 보름달은 조명이 무대를 향해 비춰지는 것이다. 관객들은 가수 얼굴 전체를 볼 수 있다. 망望일 때이다.

조명이 무대 옆에서 비춰지면 가수의 옆얼굴만 보인다. 반달이다. 무대 뒤에서 조명 빛이 나오면 가수의 얼굴을 볼 수 없다. 가수의 등으로 빛이 비춰지기 때문이다. 역광에서 사진을 찍으면 사람 얼굴이 시커멓게 나오는 것과 같다. 삭朔일 때이다.

한줄기 조명만 있는 공간에서 달이 움직이기 때문에 달의 위치에 따라 달은 변신한다. 달은 빛을 내지 못하기 때문에 오히려 변신했다.

〈그림 2-1〉에서 초승달→상현달→보름달로 변하는 것을 달이 '차오른다'고 말하고, 보름달→하현달→그믐달로 변하는 것을 달이 '기운다'고 말한다.

이렇게 달은 모양이 변하면서 지구 둘레를 도는데, 지구 둘레를 한 바퀴 돌아 달의 모양이 다시 원래대로 되는 데까지 걸린 시간이 삭망월이다. 음력으로 한 달이다. 음력 초하루를 삭이라 하고 보름달이 뜬 음력 15일을 망이라고 한다.

권력을 가진 자는 항상 달이 덜 찼다고 생각한다. 권력을 내려놓지 않는 이유이다. ◾◾

2. 달의 변신

여자의 변신은 무죄! 화장품 마케팅 문구이다. 화장만으로 여성의 이미지가 깜짝 변신한다.

요즘은 남자도 변신한다. 죄가 없으니 자유자재이다. 어떻게 변할지 아무도 모른다.

변신하면 밤하늘의 달도 만만치 않다.

조각달이 떠 있는가 했는데 어느 날 보면 둥근달로 변해 있다. 밤새 보이기도 하고, 잠깐 보이기도 하고 동쪽에서 보였다가 서쪽에서 보이기도 한다.

변화무쌍이다. 이 정도 변신이면 무죄가 아니라 상을 받아야 한다.

이런 변신은 달이 지구 둘레를 공전하면서 햇빛이라는 조명을 받기 때문에 나타난다.

달의 모양을 보면 조명인 태양의 위치를 알 수 있고 태양의 위치를 알면 그때가 하루 중 언제인가를 알 수 있다.

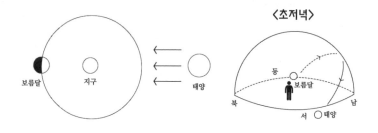

| 그림 2-2

〈그림 2-2〉의 왼쪽은 보름달일 때 태양, 지구, 달의 위치를 나타낸다. 달의 빛나는 부분을 지구에서 보면 동그란 보름달로 보인다. 보름달은 전신이 빛나므로 태양이라는 조명은 지구에서 보면 달의 반대쪽에 있다.

〈그림 2-2〉의 오른쪽처럼 보름달이 동쪽에서 떠오르면 태양은 반대편인 서쪽으로 지고 있다. 태양이 서쪽으로 지고 있으면 초저녁이므로 보름달은 초저녁에 뜬다. 추석에 해가 지면 동쪽 지평선에서 달이 떠오르지 않는가? 만약 보름달이 하늘 높이 떠 있으면 태양은 지구 반대편을 비추고 있다. 자정이다.

다른 달들도 마찬가지다. 〈그림 2-3〉의 왼쪽 그림은 영어의 D 자처럼 생긴 달인 상현달이 가장 높게 떠 있을 때를 나타낸다. 달은 동쪽에서 떠서 서쪽으로 지며 가장 높게 떠 있을 때는 남쪽에 있다. 그래서 천체가 가장 높게 떠 있을 때를 남중이라고

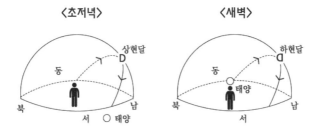

| 그림 2-3

한다. 상현달은 오른쪽이 빛나므로 태양이 달의 오른쪽 직각 방향에 있다는 것을 알 수 있다. 남쪽을 쳐다봤을 때 오른쪽 직각 방향은 서쪽이다. 태양의 위치가 서쪽에 있으므로 하루 중 초저녁이다. 그래서 상현달은 초저녁에 남중한다.

이 달이 하현달이라면 〈그림 2-3〉의 오른쪽처럼 태양은 왼쪽에 있고 왼쪽은 동쪽이므로 하루 중 새벽이다. 하현달은 새벽에 남중한다.

초승달은 오른쪽만 약간 빛나는 달이다. 태양이 오른쪽 바로 옆에 있다는 뜻이다. 태양과 붙어 있으므로 초승달을 찾으려면 태양을 찾고 그 옆에서 초승달을 찾아야 한다. 낮에 중천에 떠 있는 태양 옆에 초승달이 있으므로 낮에는 초승달을 볼 수 없다.

한밤중에는 초승달이 태양과 같이 지구 반대편에 있으므로 초승달은 볼 수 없다. 한밤중에 초승달을 봤다면 아마 꿈속이었을 것이다.

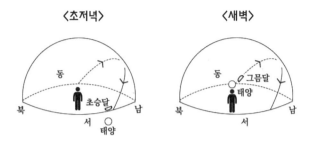

〈초저녁〉 〈새벽〉

| 그림 2-4

그런데 초승달이 서쪽 하늘에서 있으면 달 오른쪽에 있는 태양은 〈그림 2-4〉처럼 이제 막 지평선 아래로 지고 있을 때이다. 초저녁이다. 달은 아직 지평선 위에 있으므로 초승달은 초저녁에 볼 수 있다. 조금 더 시간이 지나면 초승달도 태양을 따라 서쪽으로 지므로 초승달은 초저녁에만 잠깐 볼 수 있다.

새벽에는 먼저 진 태양이 뜨고 나서 초승달이 떠오르니 새벽에는 초승달을 볼 수 없다. 〈그림 2-4〉의 오른쪽처럼 그믐달은 초승달과 태양이 서로 자리를 바꾼 상태이다. 그믐달은 초승달과 반대이다. 새벽에만 잠깐 볼 수 있다.

달을 보고 조명의 위치를 확인해 보는 것도 달을 보는 즐거움이다. ◤◼

〈한마디 더〉

—인월(引月)

삭일 때는 달이 태양과 같이 있으므로 달을 밤새 볼 수 없다. 그믐밤은 칠흑같이 어둡다. 한치 앞을 볼 수 없다. 인공 빛에 워낙 노출된 현대에는 그믐밤의 어둠을 느끼지 못한다. 달빛의 고마움을 알 수 없다. 야행성 동물에게는 달이 태양과 같은 존재다.

밤에 전쟁을 할 때는 조명탄을 띄운다. 유리한 전쟁에서는 조명탄을 쏘아 올려 대낮같이 밝혀 놓고 싸운다. 조명탄이 없었던 시대에 달이 조명탄 역할을 한 전투를 알아보자.

전라북도 남원시에 인월면이 있다. 다음은 인월면에서 밝힌 지명의 유래이다.

1380년(고려 우왕 6년) 왜장 아지발도가 영남을 거쳐 북진을 할 때 삼도 도원수 이성계 장군이 황산荒山에서 신궁 소리를 들었던 활솜씨로 적군을 퇴치할 작전이었다. 그러나 날이 저물고 마침 그믐밤이라 적군과 아군의 분별이 어려워 싸움을 할 수 없었다. 이성계가 하늘을 우러러 "이 나라 백성을 굶어 살피시어 달을 뜨게 해 주소서" 하고 간절히 기도를 드리자 잠시

후 칠흑 같은 그믐밤 하늘에 어디서 솟아올랐는지 보름달이 떠 천지가 개미 기어가는 것까지 분간할 수 있을 만큼 밝아졌다. 때를 놓치지 않은 이성계는 부원수로 하여금 먼저 왜장 아지발 도의 투구를 쏘게 해 화살이 투구를 맞힌다. 아지발도가 입을 벌려 투구가 벗겨지는 것을 막으려 하는 찰나에 이성계 장군이 쏜 화살이 아지발도의 목구멍을 꿰뚫었다. 왜장이 흘린 핏자국 이 지금도 황산 남천에 있는 피바위에 남아 있으며 이때 이성 계 장군이 달을 끌어 올렸다하여 인월引月이라는 지명이 생겨 났다.

―남중

지구가 북극과 남극을 축으로 반시계 방향으로 자전하기 때 문에 가만히 있는 하늘의 별들이 〈그림 2-5〉처럼 북극성을 중 심으로 시계 방향으로 일주운동을 한다.

북극성이 있는 쪽이 북쪽이므로 별이 뜨는 쪽은 동쪽이다.

별이나 달이나 동에서 떠서 서쪽으로 지는데 〈그림 2-5〉에서 보듯이 남쪽에 있을 때 하루 중 가장 높게 떠 있다. 이때가 남중이다. 정확히 남쪽에 있다는 뜻으로 남중南中이라고 한다.

태양도 동에서 떠서 12시경에 가장 높이 떠 있을 때가 남중이다. 남쪽에 있다. 어디가 북인지 남인지 방향을 모를 때는 태양의 위치로 방향을 가늠할 수 있다.

　달달 무슨 달 쟁반같이 둥근달
　어디 어디 떴나 남산 위에 떴지

동요 가사에 남산 위에 뜬 달은 높게 떠 있는 달이다.
남산 위에 있는 달은 남중한 달이므로.

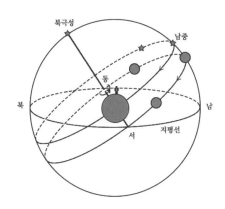

| 그림 2-5

3. 50분

밤낚시를 하다보면 산도 달도 물 위에서 어른거린다. 앞에 있는 산중턱에 달이 걸려 있기 때문이다.

다음 날 밤에도 여지없이 어제 그 자리에 달이 걸려 있다. 그러면 어제와 같은 시각이 아니라 50분 더 밤이 깊어진 시각이다.

시계가 없는 시절로 가보자. 내일 밤에도 오늘처럼 달이 물레방앗간에 걸쳐 있을 때 보자며 두 남녀가 아쉬움을 달래며 헤어지고 있다. 한 사람이 다음 날 어제와 같은 시각에 저녁을 먹고 만나는 장소로 갔다면 그 사람은 연인이 나타나기를 50분간 기다려야 한다.

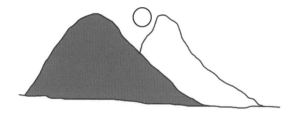

| 그림 2-6

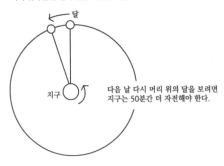

지구 둘레를 공전하기 때문에
머리 위에 있던 달이 다음 날 조금 이동

달

지구

다음 날 다시 머리 위의 달을 보려면
지구는 50분간 더 자전해야 한다.

| 그림 2-7

왜 50분 차이가 나는 걸까?

달이 산중턱에 걸려 있다. 지구 자전으로 우리도 돌고 산도 돈다. 지구가 한 바퀴 자전하고 나면 하루가 지난 어제의 그 시각이다. 그 시각에 달은 어제와 같은 자리에 있어야 하지만 가만히 있지 못하는 달은 우리가 자전하는 방향으로 〈그림 2-7〉처럼 약간 이동해 버렸다. 지구 둘레를 공전하고 있기 때문이다.

그래서 어제와 같은 자리에서 달을 보려면 지구가 조금 더 자전을 해야 한다. 그 시간이 50분이다. 산과 물레방아가 어제의 달을 만나려면 하루가 지나고 50분 더 지나야 한다.

어느 날 달과 별이 같이 동쪽 하늘에서 같은 시각에 떴다면 다음 날은 그 별이 뜨고 나서 50분 후에 달이 뜬다. 달은 하루에 50분씩 늦게 뜬다.

아파트 꼭대기에 걸려 있는 달이 오늘도 그 자리에 있다면 어제보다 50분 늦은 시간이라는 것을 염두에 두고 빨리 귀가하시길. ▔▄

| 그림 2-8

4. 아침달을 보며 출근하는 사람

■
　선생님, 아침에 출근하는데 달을 봤어요. 운전하면서 봤다고 한다. 아침에 달이 뜬 것이 신기해서 어느 동료 선생님이 내게 한 말이다. 보름달처럼 큰 달이라고 했다. 처음에는 태양인 줄 알았다고 한다.

　보름달처럼 큰달이라고는 하나 아마 그 달은 보름을 갓 지난 달일 것이다. 보름달은 태양 반대쪽에 있기 때문에 태양이 떠오른 아침에는 서쪽 하늘로 져버리지만 〈그림 2-9〉처럼 보름을 갓 지난 달은 아직 서쪽 하늘로 지기 전이다. 대낮이 아니라서 하늘이 아주 밝지는 않고 달은 상대적으로 밝아서 아침에

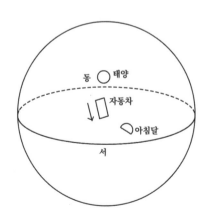

| 그림 2-9

볼 수 있다.

며칠 동안 봤다고 하는데 공교롭게도 나는 본 기억이 없었다.

그 선생님은 봤고 나는 못 봤다면 출근 방향이 서로 다르기 때문일 것이다. 아침달은 〈그림 2-9〉처럼 서쪽 하늘에 있기 때문에 운전하면서 보려면 서쪽으로 출근해야 한다.

집이 동쪽이고 직장은 서쪽이어야 볼 기회가 있는 것이다. 마침 그 선생님 집이 강동인 것이 생각났다. 우리 학교는 동대문구에 있으니 서쪽으로 출근하고 있는 것이다.

나는 서쪽에서 동쪽으로 출근하기 때문에 운전하면서 아침달을 볼 수 없었던 것이다. 동쪽을 보며 운전하기 때문이다. 반대로 아침에 동에서 떠오르는 태양 때문에 눈부신 적은 많다.

그 선생님은 한 달 정도 지나면 오늘도 출근하면서 달을 봤다고 얘기할 것이다.

아침달을 보면서 출근하는 사람이 있는가 하면 태양을 보면서 출근하는 사람이 있다.

물론 차 밖에서는 태양도 보고 아침달도 볼 수 있겠지만.

아니 차 밖에서는 태양도, 달도 눈에 들어오지 않을 수 있다. ■▪

5. 무식한 놈

쑥부쟁이와 구절초를
구별하지 못하는 너하고
이 들길 여태 걸어 왔다니
나여, 나는 지금부터 너하고 절교다!

〈무식한 놈, 안도현〉

이 시는 시인이 자기 자신과 절교한다는 내용이지만 내게는
이 시가 이렇게 들린다.

초승달과 그믐달을 구별하지 못하는 너하고 친구라니 네놈하
고는 절교다!

그렇게까지 할 필요가 있을까? 초승이건 그믐이건 떠 있는 달
쳐다봐 주는 것만 해도 다행이지 꼭 구별할 필요가 있을까 하
겠지만 나는 어쨌든 그런 놈하고는 절교다.

초승달과 그믐달이 가늘게 빛나는 달이라는 것은 누구나 안
다. 눈썹 같은 달이다.

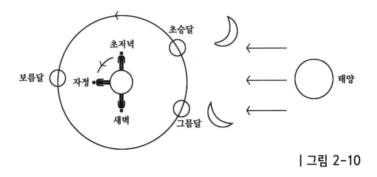

| 그림 2-10

두 달의 차이는 오른쪽이 빛나면 초승달이고 왼쪽이 빛나면 그믐달이다.

그리고 초승달은 초저녁에, 그믐달은 새벽에 보인다.

지구에 있는 사람은 태양의 위치에 따라 하루 중 언제인가가 결정된다.

〈그림 2-10〉처럼 태양 맞은편에 있는 사람이 자정이고, 지구가 반시계 방향으로 자전하므로 6시간 후에는 그림에서 새벽인 사람의 위치로 간다. 새벽의 반대편에 있는 사람이 초저녁인 사람이다.

먼저 초승달이 초저녁에 보이는 이유를 알아보자.

〈그림 2-10〉에서 초저녁인 사람이 봤을 때 초승달은 태양의 왼쪽에 있다. 오후 3시경에는 태양이 하늘에 떠 있다. 초승달은 태양 옆에 붙어 있지만 낮이라 보이지 않는다. 시간이 지나 태양이 서쪽으로 지면 하늘이 어두워진다. 태양 왼쪽에 있는 초승달은 아직 하늘에 떠 있기 때문에 보인다. 그러나 곧 태양을 따라 서쪽으로 진다. 그때까지 서쪽 하늘에서 1~2시간 초승달을 볼 수 있다. 태양이 달의 오른쪽에 있으므로 초승달은 오른쪽이 빛난다.

초저녁에 태양의 왼쪽에 있는 그믐달은 태양보다 먼저 진다. 초저녁에는 그믐달을 볼 수 없다.

새벽인 사람을 보자. 그믐달은 태양의 오른쪽에 있다. 〈그림 2-10〉에서 자정인 사람이 지구 자전으로 새벽이 되면 먼저 그믐달을 보고 태양을 본다. 태양이 뜨기 전인 새벽에 그믐달을 볼 수 있다. 태양이 뜨면 아침이 되므로 그믐달은 새벽에만 잠깐 볼 수 있다. 태양이 달의 왼쪽에 있으므로 그믐달은 왼쪽이 빛난다.

새벽에 태양의 왼쪽에 있는 초승달은 태양보다 늦게 뜬다. 새벽에 초승달을 볼 수 없다.

서비스로 보름달 얘기도 해보자. 보름달은 태양 반대편에 있다. 자전하는 지구에서 초저녁인 사람은 태양이 시야에서 사라질 때 맞은편에 있는 보름달이 떠오른다. 태양이 서쪽으로 질 때 반대편 동쪽에서 떠오르는 달이 있다면 보름달이다.

보름달은 초저녁에, 또 자정에 가장 높이 떴다가 새벽에 동쪽으로 진다. 밤새 볼 수 있다.

초저녁에 초승달을 보면 일단 반갑다. 그리고 곧 확인한다. 오른쪽이 빛나고 있는지.

친구 놈이 자기도 확인했다고 빌면 용서해 줄 것이다.

초승달?

어퍼컷처럼 생긴 달이야?

한방에 나를 날려 버리는 친구도 있다. ◤▪

〈한마디 더〉

—청룡언월도

언월은 초승달을 의미한다.

삼국지에서 관우가 쓰는 칼이 청룡언월도이다. 칼날이 초승달 모양이란다.

아마 청룡언월도는 이렇게 생기지 않았을까?

| 그림 2-11

6. 초승달과 별

초승달 옆에 밝게 빛나는 별을 가끔 본다. 초승달이 밝은 별과 짝을 이루고 있어 눈에 띄는 장면 중 하나이다.

누군가 저 별이 뭐야?라고 내게 물으면 금성이라고 망설임 없이 대답한다. 그럴만한 것이 달 옆에서도 밝음을 자랑할 수 있는 별은 금성밖에 없다. 밤하늘에서 가장 밝은 천체는 달이지만 별처럼 보이는 천체 중 가장 밝은 것은 금성이다.

초승달이 보일 때는 초저녁이라 하늘이 완전히 어둡지 않아서 웬만한 별이 초승달 옆에 있어도 눈에 띄지도 않지만 금성만큼은 달과 짝을 이룰 수 있다.

태양계 행성 중 금성, 화성, 목성, 토성은 매우 밝게 보인다. 밝은 별인 1등성보다도 더 밝다. 스스로 빛을 내는 것은 아니지만 지구와 가까운 거리에서 햇빛을 반사하고 있기 때문이다.

밤하늘을 둘러보고 유독 밝게 보이는 별들이 보이면 금성이나 목성이라고 우겨도 된다. 한밤중에 밝게 보이는 별을 보고 금성이라고 우기는 것만 조심하면 된다. 금성은 태양 옆에만 있

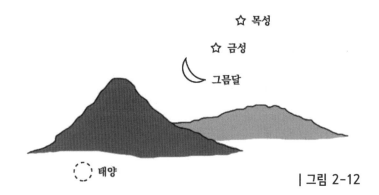

☆ 목성

☆ 금성

그믐달

태양

| 그림 2-12

으므로 한밤중에는 볼 수 없기 때문이다.

초승달 옆에 가끔 금성과 비슷하게 한두 개의 밝은 별이 같이 보일 때가 있다. 그 별들도 십중팔구는 행성이다. 화성, 토성, 목성 중의 하나이다.

태양, 그믐달, 금성, 목성을 연결한 선이 지구의 공전 궤도면 인 황도이다.

달과 금성, 목성 등 행성들은 〈그림 2-12〉처럼 같은 선상에 보일 때가 있다. 행성들과 달은 하늘에서 같은 길을 지나다니기 때문이다. 그 길을 황도라고 한다. 황도는 지구가 공전하는 궤도면인데 다른 행성들도 대개 공전하는 면이 지구와 같다. 지구가 수평면에서 돈다면 다른 행성들도 거의 수평면에서 돈다. 달도 지구 공전 궤도면과 거의 같은 면에서 지구를 돌고 있다. 띠리서 하늘의 행성들을 연결해 보면 그 면이 지구가 공전하는 면이 된다. ■▪

퀴즈 하나!

〈그림 2-13〉은 어느 날 초승달과 금성이 같이 서쪽 하늘로 지고 있는 장면이다. 다음 날은 어떻게 될까? 다음 날도 같이 질까? 금성이 먼저 질까? 아니면 달이 먼저 질까?

정답은 이 책의 〈50분〉 부분을 참조하시길.

| 그림 2-13. 초저녁, 서쪽 하늘

7. 낮달

| 그림 2-14. 낮달—상현달 모양이라
하루 중 오후이다

낮술은 낮에 마신 술이다.
보통 술은 밤에 마시니까 밤
술이라는 말은 없다.

낮술은 더 취한다.

낮달은 낮에 뜬 달이다. 보
통 달은 밤에 뜨니까 밤달이
라는 말은 없다.

낮달은 더 눈길을 끈다.

태양이 중천에 떠 있는 밝은
대낮에 낮달을 볼 수 있을까?

대낮에 하늘에 떠 있는 달은
태양 옆에 있는 초승달이나
그믐달이다. 초승달, 그믐달
은 밝기도 어둡고 밝은 대낮
이라 낮달로 보이지 않는다.

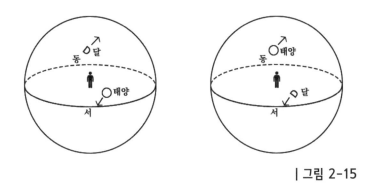

| 그림 2-15

태양의 위세가 너무 세다. 낮에 나온 초승달은 없다.

반달이나 보름달은? 반달이나 보름달은 태양에서 멀찌감치 있다. 대낮에는 지평선 근처나 지평선 아래에 있기 때문에 볼 수 없다. 결국 대낮에는 낮달을 볼 수 없다.

하지만 해가 중천에 떠 있는 대낮만 아니라면 〈그림 2-15〉의 왼쪽처럼 태양이 서쪽으로 질 때쯤이면 아직 낮이지만 아주 밝은 대낮은 아니라 하늘에 달이 있다면 보일 수 있다. 특히 동쪽 하늘에 달이 있다면 그 달은 반달 이상의 크기를 가져 밝기 때문에 낮달로 보인다. 태양이 서쪽에 있기 때문에 하루 중 오후이고 이때 낮달은 오른쪽이 빛나므로 상현달 모양이다.

〈그림 2-15〉의 오른쪽처럼 태양이 동쪽 하늘에 있을 때도 마찬가지로 서쪽에 달이 있으면 그 달은 반달 이상의 크기를 가져 밝기 때문에 낮달로 보인다. 태양이 동쪽에 있기 때문에 하루 중 오전이고 이때 낮달은 왼쪽이 빛나므로 하현달 모양이다.

왼쪽 그림의 낮달은 저물어가는 태양의 뒤를 이어 낮달에서 밤에 보이는 달로 태어나는 달이고, 오른쪽 그림의 낮달은 태양에 자리를 넘기고 서쪽 지평선으로 사라지는 달이다. ■▪

〈한마디 더〉

─달맞이꽃

밤이면 달을 보고 피어나는 꽃이 달맞이꽃이다.

누군가가 달빛 속에서 핀 꽃을 보고 그 이름을 붙였으리라.

사랑하는 사람을 기다린다는 꽃말을 가진 꽃이다.

애절하지 않은 사랑이 어디 있으랴.

누구나 한 번쯤은 겪는다.

달맞이꽃이라는 노래, 사랑이 애절했을 때 불렀던 노래이다.

얼마나 기다리다 꽃이 됐나

달 밝은 밤이 오면 홀로 피어

쓸쓸히 쓸쓸히 미소를 띠는

그 이름 달맞이꽃

아~ 아 아~ 아

서산에 달님도 기울어

새파란 달빛 아래 고개 숙인

네 모습 애처롭구나

낮달이 떠도 달맞이꽃은 필 것이다.

꿈에 그리던 달인데 못 알아 볼 일이 있겠는가?

8. 낮달은 왜 하얘요?

학생들이 불쑥 질문을 하면 당황할 때가 있다. 생뚱맞게 그런 질문을 하다니?

'선생님, 어제 낮에 달을 봤는데 달이 왜 하얘요?'도 그런 질문이다. 눈에 익은 달과 다르게 하얗게 보여서 궁금했던 모양이다.

왜 하얄까?

하루 종일 고민 끝에 내가 생각해낸 답은 다음과 같다. 조금 길더라도 끝까지 읽어 주시길.

흰색: 햇빛 속에는 파랑, 노랑, 빨강 빛 등이 섞여 있다. 어떤 물체가 햇빛을 모두 반사하면 흰색으로 보인다. 파랑, 초록, 빨강 등 모든 빛이 섞이면 흰색이 되기 때문이다. 햇빛 색을 흰색으로 보자.

노란색: 햇빛 중 노란색을 반사하거나 그 물체에서 반사된 햇빛 중 중간에 파란색이 제거되는 경우 노랗게 보인다.

빨간색: 햇빛 중 빨간색을 반사하거나 그 물체에서 반사된 햇빛 중 중간에 파란색, 노란색이 제거되는 경우 빨갛게 보인다.

위의 논리를 달에 적용해 보자.

달은 스스로 빛을 내지 않지만 햇빛을 반사시키기 때문에 우리 눈에 보인다. 반사되는 정도에 따라 어둡게 보이는 부분도 있고 밝게 보이는 부분도 있지만 대체로 햇빛 그대로가 반사되므로 달에서 나오는 빛은 흰색이다.

이 달빛이 지구로 오게 되면 먼저 지구 대기를 만난다. 지구 대기에 의해 달빛 중 일부분이 제거된다.

먼저 밤에 보이는 달 중 하늘 높이 떠 있는 달은 지구 대기에

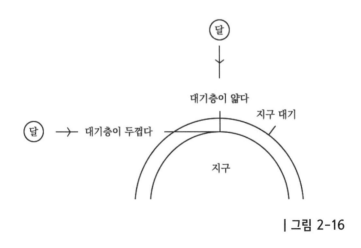

| 그림 2-16

의해 제거되는 달빛이 거의 없다. 왜냐하면 〈그림 2-16〉처럼 머리 위쪽으로 지구 대기는 층이 얇기 때문이다. 따라서 지구 대기에 의해 제거되는 빛이 거의 없어서 원래 달빛 색인 흰색으로 보인다.

반면 지평선 가까이에 있는 달은 지구 대기에 의해 제거되는 빛이 많다. 왜냐하면 그림에서 보듯이 지평선 방향의 지구 대기는 층이 두껍기 때문이다. 햇빛 중 파란색은 노란색이나 빨간색보다 대기에 산란이 더 잘된다.

따라서 달빛의 파란색은 지구 대기에 의해 사방으로 산란되면서 제거된다. 달빛 중 파란색이 제거되었으므로 위의 논리처럼 달은 노랗게 보인다.

그러나 지평선에 더 가까운 달은 더 두꺼운 지구 대기층을 통과하므로 노란색마저 산란되어 결국 붉은 색으로 보인다. 저녁놀이 붉게 보이는 이유와 같다.

그러면 낮달은 왜 하얀가?

먼저 낮에 하늘이 왜 파란가부터 생각해 보자. 우리가 해를 쳐다보지 않아도 하늘이 어둡지 않은 것은 지구 대기에 의해 사방팔방으로 산란된 햇빛이 우리 눈으로 들어오기 때문이다. 그런데 햇빛 중 파란색일수록 산란이 잘되어 하늘이 파랗게 보인다.

결국 낮에는 하늘을 쳐다보면 파란색이 기본적으로 우리 눈으로 들어오고 있다.

낮에 뜬 달도 하얀색으로 지구로 오다가 지구 대기에 의해 파란색이 제거되었다. 그러나 낮에는 기본적으로 들어오는 파란색이 다시 첨가되어 결국 낮달은 하얗게 보인다. 파란 하늘에서 낮달이 하얗게 보이는 이유이다.

수식으로 표현하면 다음과 같다.

　낮달의 색=원래 달색(흰색)

－파란색(지구 대기에서 제거)

＋파란색(지구 대기에서 산란된 햇빛 중의 파란색 첨가)

＝원래 달색(흰색)

달의 색에 대해 그냥 넘기기보다는 한 번쯤은 꼼꼼하게 생각해 볼 만한 내용이라 숨 가쁘게 설명해봤다.

낮달이 왜 하얀가를 해결하고 기뻐했던 그 학생이 생각난다. 낮달처럼 생뚱맞게 행동했던 그 학생이 보고 싶다. ■▪

〈한마디 더〉

낮달만 보면 자동으로 나오는 노래가 있다.

윤석중 작사, 홍난파 작곡의 〈낮에 나온 반달〉이다.

낮달이 왜 하얀지는 몰라도 동요 가사에 하얗다고 확실하게
나와 있다.

낮에 나온 반달은 하얀 반달은
햇님이 쓰다 버린 쪽박인가요
꼬부랑 할머니가 물 길러 갈 때
치마 끈에 달랑달랑 채워 줬으면

낮에 나온 반달은 하얀 반달은
햇님이 신다 버린 신짝인가요
우리 아기 아장아장 걸음 배울 때
한쪽 발에 딸깍딸깍 신겨 줬으면

낮에 나온 반달은 하얀 반달은
해님이 빗다 버린 면빗인가요
우리 누나 방아 찧고 아픈 팔 쉴 때
흩은 머리 곱게 곱게 빗겨 줬으면

9. 음력 3일에 그믐달이 뜨다니

아는 형님이 호주 여행 사진을 보내 주셨다. 딸이 호주에 살기 때문에 자주 가신다. 잽싸게 답신을 했다. 형님 달 사진 좀 찍어서 보내 주세요. 남반구의 달이 우리와 어떻게 다른지 확인하고 싶어서다.

아는 교수가 뉴질랜드에 가서 서울에 있는 아들에게 달 사진을 보내라고 했단다. 뉴질랜드 달과 비교해 보려고.

궁금한 것 중의 하나다. 남반구의 달.

생김새가 우리와 같은지. 우리가 보름이면 거기도 보름인지.

보름달이면 달이 태양 반대쪽에 있을 때이다. 남반구나 북반구나 달은 태양 반대쪽에 있으니 같은 보름달인 것은 알 수 있다. 그러니까 달의 모양은 남반구나 북반구나 같다. 여기가 보름달이면 거기도 보름달이다. 반달도 마찬가지다. 여기가 반달이면 거기도 반달이다.

음력 3일이면 남반구도 음력 3일이다. 음력 3일이면 북반구의 달은 초승달이다.

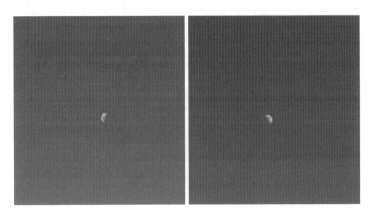

| 그림 2-17. 이면우 강원대 교수가 뉴질랜드에서 찍은 달(왼쪽)과
같은 날 서울에서 교수 아들이 찍은 달(오른쪽)

〈북반구의 보름달〉 　　　　　〈남반구의 보름달〉

| 그림 2-18

그런데 남반구도 초승달일까? 아니면 반대 모양인 그믐달일까?

지구가 동그랗기 때문에 남반구의 사람은 북반구 사람과 거꾸로 서 있다. 거꾸로 서 있는 상태에서 중간에 있는 것을 본다면 서로 마주 보고 있는 것과 같다. 북반구 사람의 오른팔은 남반구 사람의 왼팔과 마주 보게 된다.

따라서 북반구의 초승달은 남반구에서는 반대쪽이 빛나는 그믐달로 보인다. 음력 3일에 호주는 그믐달이 뜬다(그림 2-17).

보름달의 모양도 두 지역 모두 동그랗게는 보이지만 옥토끼의 위치는 좌우가 바뀌어 있다(그림 2-18). ◥◣

10. 올해는 윤달이 있네

달력이 없을 때이다. 날짜가 없는 것이다.

밤과 낮이 바뀐다는 것은 알고 있다. 10번 자고 나서 만나자라고 약속을 했다고 치자. 자고 일어날 때마다 지나간 날을 세야 한다. 그러다가 달의 모양이 규칙적으로 변한다는 것을 알았다. 달의 모양에 따라 날짜를 정해 놓으면 며칠에 만나자 하면 몇 밤을 잤는지 셀 필요가 없다.

달의 모양이 변하는 주기도 일정하다는 것을 알았다. 그 기간을 달이라고 했고 날보다는 더 큰 시간 단위가 생긴 것이다.

이러고 잘 살고 있는데 몇 밤을 더 지나야 밭을 갈고 씨를 뿌려야 하나라는 문제가 생겼다. 달을 기준으로 정한 날이 씨를 뿌리는 주기와 맞지가 않았던 것이다. 달의 변화로 계절의 변화를 알 수 없었던 것이다.

달의 모양 변화주기가 계절 변화주기의 정수배가 될 리가 없기 때문이다.

그래서 달 모양으로 정한 달력이 계절 변화주기에도 맞을 수

| 그림 2-19. 당신 생일을 기억할 테니 내 생일도 잊지 말라는 무언의 압력이다

있게 조정하기 시작했다.

달의 모양 변화주기인 삭망월은 29.5일다. 그래서 한 달을 29일이나 30일로 정했다. 29.5일이 12번 지나면 354일다. 계절 변화주기인 365일에 11일 정도 모자란다. 11일이 3년 쌓이면 33일이 된다. 3년에 한 번 30일을 더 넣어 그 해는 1년을 13달로 하면 대략 비슷해진다.

그래도 3년에 3일 정도가 남는다. 그 3일이 또 쌓여서 한 달 정도로 되면 그때 다시 한 달을 더 추가하면 된다.

그래서 나온 계산이 19년에 7번씩 1년을 13달로 만들었다. 이러면 계절 변화주기와 달 모양을 기준으로 만든 달력이 맞아떨어진다.

추가로 들어간 한 달을 윤달이라고 한다. 말하자면 4월 다음에 5월이 아니라 윤4월을 추가하고 5월로 간다.

이렇게 조정된 달력이 태음태양력이다. 우리가 생활에서 쓰는 바로 음력이다. 요즈음이야 생일을 양력으로 지내지만 전에는 대부분 음력 날짜로 지냈다.

"올해는 윤달이 있네."

새로 나온 달력에 음력으로 된 집안 어른들의 생일이나 제삿날 등을 표시하다가 우리 집사람이 혼자 중얼거린 말이다.

내 생일은 음력 4월 21일이다. 2020년에는 음력 4월 21일이 5월 13일이다. 양력 날짜가 매년 바뀐다. 까딱하면 그냥 지나친다. 집사람이 달력에 동그라미를 쳐놨다. ▪▪

11. 항성월과 삭망월

달의 공전주기와 달의 모양 변화주기가 다르다고 한다. 그 까닭은 무엇인가?

속도는 시간당 이동한 거리이고, 이동한 거리는 속도에다 걸린 시간을 곱한 값이라는 것을 염두에 두고 다음 글을 읽어 보자.

어느 날 〈그림 2-20〉의 A처럼 태양, 지구, 달이 일직선이면 달은 보름달이다. 이때를 망이라고 한다. 음력 15일이다.

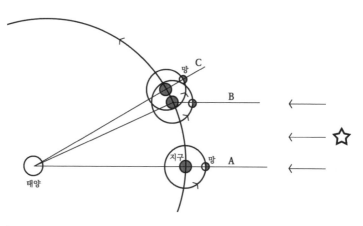

| 그림 2-20. A에서 B 항성월 27.3일, A에서 C 삭망월 29.5일

A의 달은 〈그림 2-20〉의 오른쪽에 있는 별과 같은 위치에서 보인다. 시간이 흘러 달이 정확히 한 바퀴 공전하여 B로 가면 다시 그 별과 같이 보인다. 별빛은 그림처럼 나란하게 오기 때문이다. 이 기간 동안 지구도 공전하였으므로 태양과 지구와 달은 일직선이 아니다. 다시 망이 되지 않았다. 다시 일직선이 되어 망이 되려면 달이 C까지 조금 더 공전해야 한다. 그래서 망에서 망까지 걸리는 시간(A→C)은 달이 정확히 360° 공전한 공전주기(A→B)보다 약간 더 길다.

모양 변화주기인 A→C 기간을 삭망월, 달의 공전주기인 A→B 기간을 항성월이라고 한다. 삭망월은 29.5일, 항성월은 27.3 일이다. 음력에서 사용하는 한 달은 달의 모양 변화주기인 삭 망월이다.

지구는 태양 둘레를 원운동한다. 하루에 1° 정도 돈다. 돌아가는 속도를 각속도라고 한다.

태양과 지구와 달이 〈그림 2-20〉의 A처럼 일직선이 되었다가 달이 지구를 도는 각속도가 지구가 태양을 도는 각속도보다 크기 때문에 달이 지구를 앞지르기 시작한다. 달이 지구를 추월하여 한 바퀴 차이 나면 〈그림 2-20〉의 C처럼 지구와 다시 만난다. 다시 만날 때 걸리는 시간이 삭망월이다. 각속도의 차이가 클수록 달과 지구가 짧은 시간에 또 만나므로 삭망월이 짧다는 것을 알 수 있다. 그 관계식을 알아보자.

삭망월을 S, 지구의 공전주기를 E라고 하자. 달의 공전주기를 P라고 하면 P는 항성월과 같다.

〈그림 2-20〉에서 지구가 A에서 C로 돌아간 각과 달이 B에서 C로 돌아간 각은 같다.

달빛이 평행하므로 두 개의 각은 동위각이기 때문이다.

각속도에 시간을 곱하면 그 시간 동안 돌아간 각이 나온다.

지구의 각속도는, 지구가 360° 공전하는 데 지구의 공전주기 E만큼 걸리므로 360°를 E로 나누면 된다. $\frac{360°}{E}$ 이다. 마찬가지로 달의 각속도는 $\frac{360°}{P}$ 이다. 지구가 A에서 C로 돌아갈 때 걸린 시간이 삭망월이므로 그 시간 동안 돌아간 각은 지구의 각속도에 삭망월을 곱하면 된다. 달이 B에서 C로 돌아갈 때 걸린 시간은 삭망월에서 항성월을 뺀 시간이다. 그 시간에 달의

각속도를 곱하면 그 시간 동안 달이 돌아간 각이다. 두 각이 같
으므로

$$\frac{360^o}{E} \times S = \frac{360^o}{P} \times (S-P)$$

이다. 360을 지우고 양변에 $\frac{1}{S}$ 을 곱하면

$$\frac{1}{E} = \frac{1}{P} - \frac{1}{S}$$

이라는 보기에도 근사한 식이 나온다. 보통은

$$\frac{1}{S} = \frac{1}{P} - \frac{1}{E}$$

로 쓴다.

이 식에서 달의 공전주기 P가 작을수록 삭망월인 S가 작아진
다는 것을 알 수 있다.

P를 27.3일, E를 365일로 넣고 계산하면 삭망월 29.5일이
나온다.

또 다른 방법으로 S, P, E의 관계를 구할 수 있다.

달이 지구를 도는 공전주기 P는 달이 태양을 도는 공전주기와
같다. 햇빛이 나란하기 때문이다. 〈그림 2-21〉처럼 달이 태양

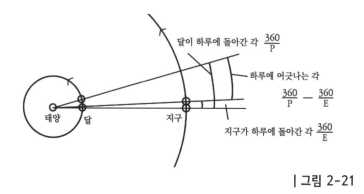

달이 하루에 돌아간 각 $\frac{360}{P}$

하루에 어긋나는 각

$\frac{360}{P} - \frac{360}{E}$

지구가 하루에 돌아간 각 $\frac{360}{E}$

태양 달 지구

| 그림 2-21

을 돈다고 생각해도 된다.

태양, 지구와 달이 일직선이었다가 지구보다는 달이 돌아가는 속도가 더 커서 시간이 흐르면 지구와 달은 어긋나기 시작한다.

지구가 하루에 돌아가는 각은 360°를 365일로 나누면 되는데 지구 공전주기인 365일을 E일이라고 하자. $\frac{360^o}{E}$ 이다. 달이 하루에 돌아가는 각은 $\frac{360^o}{P}$ 이다. 하루에 어긋나는 각이 점점 커지다가 360° 어긋나면 다시 일직선이 된다. 그 시간이 삭망월이다. 달이 빨리 돌아서 지구와 한 바퀴 차이 나는데 걸린 시간이다. 만약 달과 지구가 하루에 어긋나는 각이 12°라면 30일 지나면 360° 차이가 나 다시 만난다. 이때 30일이 삭망월이다.

하루에 어긋나는 각×삭망월=360°이다.

$$(\frac{360^o}{P} - \frac{360^o}{E}) S = 360^o$$

이다. 360°을 다 지우고 S를 우변으로 넘기면

$$\frac{1}{P} - \frac{1}{E} = \frac{1}{S}$$

된다. 위에서 구한 식과 같다. ■▪

〈한마디 더〉

 태양, 금성, 지구가 일직선이었다가 금성의 각속도가 커서 어긋나기 시작한다. 시간이 흐르면 360° 어긋나 어디선가 다시 만난다. 이 시간을 회합주기라고 한다. 앞의 그림에서 달을 금성이라고 생각하면 삭망월이 금성의 회합주기에 해당한다.

 태양, 지구, 금성에서도

$$\frac{1}{S} = \frac{1}{P} - \frac{1}{E}$$

식이 성립된다.

 금성의 회합주기는 584일이고 지구의 공전주기는 365일이다. 위 식에 대입하면 금성의 공전주기는 225일이다.

 지구도 움직이기 때문에 금성의 공전주기는 관측으로 구하기 어렵다. 회합주기는 관측하기 쉬워서 회합주기를 구한 다음에 위의 식을 이용하여 금성의 공전주기를 구한다. 다른 행성들도 마찬가지다.

─시침과 분침의 회합주기

시계에서 시침과 분침이 12시에 만났다. 다시 만날 때까지 걸리는 시간은 얼마인가?

분침의 공전주기와 시침의 공전주기 차이가 다시 만나는 시간을 결정하므로

$$\frac{1}{S} = \frac{1}{P} - \frac{1}{E}$$

을 이용하면 된다.

분침의 공전주기는 1시간, 시침의 공전주기 12시간이므로

$$\frac{1}{S} = 1 - \frac{1}{12}$$

이다. S는 $\frac{12}{11}$ 이다. 시침과 분침은 한 번 만났다가 한 시간이 조금 더 지난 $\frac{12}{11}$ 시간마다 다시 만난다.

III. 해를 품은 달

1. 일식 여행

■
  와와, 오 마이 갓!

 훤한 대낮이 밤처럼 어두워지자 저절로 나오는 탄성이다. 〈그림 3-1〉 속의 세 사람은 〈그림 3-2〉의 검은 점 속에 있는 사람들이다.

 작은 동그란 점은 달그림자이다. 나무 그림자 속에 들어가면 나무에 해가 가려 해를 볼 수 없듯이 달그림자 속에 있는 사람은 달이 해를 가리고 있기 때문에 해를 볼 수 없다.

| 그림 3-1

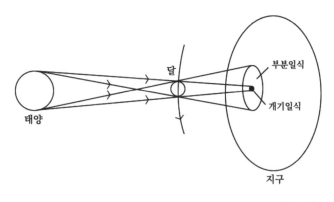

부분일식

개기일식

달

태양

지구

| 그림 3-2

달이 해를 가리는 광경을 실시간으로 볼 수 있고 그에 따라 하늘이 점점 어두워진다.

달과 해가 만드는 지상 최대의 쇼다.

해와 지구 사이에 달이 있을 때 달이 해를 가리는 현상을 일식이라고 한다. 일식은 동그란 점 안에 있는 사람만 볼 수 있다. 지구상에 극히 일부 지역이다. 이 쇼를 놓치지 않기 위해 많은

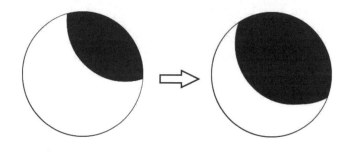

| 그림 3-3

사람들이 저 원 안으로 몰려든다. 2017년 미국에서 일식이 일어날 때 우리나라는 밤이라 볼 수 없었다. 그해 우리나라 여행사에서 인생에서 단 한 번의 기회라며 일식 관측 패키지여행을 만들어 관광객을 모았었다.

〈그림 3-2〉에서 반시계 방향으로 공전하는 달은 태양을 오른쪽부터 가린다.
달은 태양의 〈그림 3-3〉처럼 오른쪽부터 먹어 들어간다.

지구에 비친 달그림자는 달이 지구 둘레를 공전함에 따라 지구상에서 움직여 간다.

달을 랜턴이라고 생각하고 달그림자를 랜턴에서 나온 빛이라고 생각하면 랜턴이 왼쪽에서 오른쪽으로 움직이므로 지구에는 서에서 동으로 랜턴 빛이 이동해간다. 일식이 일어나는 지역이 서에서 동으로 이동한다.

그림자의 이동속도가 지구 자전속도보다 빨라서 지구 자전은 무시해도 된다. 미국이라면 미국의 서부에서 동부로 랜턴 빛이 이동한다.

그림자가 움직여가므로 일식 장면은 몇 분간만 볼 수 있다. 그림자를 계속 따라가면 일식을 더 오래 볼 수 있다. 실제로 비행기를 타고 가면서 더 오랫동안 일식을 본 사람들도 있다고 한다.

기회가 되면 일식 여행 갑시다.

일식 여행! 초밥 먹으로 일본 가는 여행이 아니다.■▖

2. 해를 품은 달

■ 개기일식은 달이 해를 완전히 가린 것이다.

개기일식을 뜻하는 재미있는 말이 있어서 수업 중 학생들에게 늘 물어 본다. 개기일식을 다른 말로 무엇이라 하나? 반응이 없다. 5글자로. 그래도 반응이 없다. 드라마 제목이야. 그때서야 답이 나온다. 해를 품은 달이요.

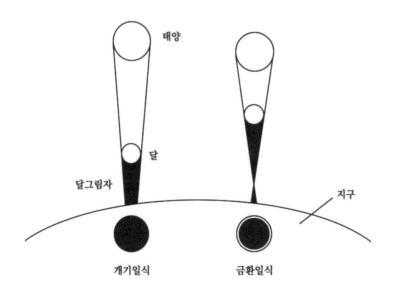

| 그림 3-4

해를 가린 달이면 부분일식이겠지만 해를 품은 달은 해를 완전히 끌어안았으니 개기일식과 같은 말이다.

달은 크기가 작아도 가까이 있어서 태양과 같은 크기로 보인다. 눈에 보이는 크기인 각지름이 같다. 약간 클 때도 있다. 그래서 크기가 작은 달이 〈그림 3-4〉의 개기일식처럼 커다란 해를 완전히 품을 수 있다.

아마도 드라마 〈해를 품은 달〉은 크기가 작은 달이 해를 품은 것처럼 신분이 낮은 미천한 여인과 신분이 높은 왕 사이의 사랑 이야기일 것이다.

그런데 달이 해를 완전히 품지 못할 때가 있다. 달의 크기가 해보다 작아서 해를 품지 못하고 오히려 해의 품안에 안기는 경우이다. 이때는 〈그림 3-4〉처럼 해의 가장자리만 빛나 금반지처럼 보인다. 금환일식인 경우이다.

금환일식은 해가 달보다 큰 경우이다. 그림의 금환일식처럼 해가 가까이에 있어서 크게 보이거나 달이 멀리 있어서 작게 보일 때 금환일식이 일어난다.

해와 달이 크게 보이거나 작게 보이면서 각지름이 변하는 이유는 지구와 달의 공전 궤도가 타원이라 해와 달의 거리가 변하기 때문이다.

달은 해를 품어 주기도 하고 해의 품에 안기기도 한다. 마치 사랑하는 연인처럼.

해와 달은 한 달에 한 번 만나지만 그렇다고 늘 달이 해를 품는 것은 아니다.

지구가 공전하는 면과 달이 공전하는 면이 다르기 때문이다. 긴 복도에 태양 달 지구 순서로 있어도 태양과 지구는 2층에 있고 달은 1층이나 3층 복도에 있다면 달이 해를 가릴 수 없다. 가끔 달이 2층으로 오게 되면 비로소 달이 해를 가린다.

한 달에 한 번 만나지만 그냥 스쳐지나가는 해와 달처럼 드라마 〈해를 품은 달〉에 나오는 연인들의 사랑은 분명 순탄하지 않을 것이다.

개기일식을 3글자로 하면?

물론 해품달이다. ■■

3. 세상에서 제일 큰 다이아반지

〈그림 3-5〉는 누가 봐도 다이아반지처럼 생겼다.

개기일식 때 달이 태양을 완전히 가렸지만 한쪽 부분에서 햇빛이 새어 나오고 있어 마치 다이아몬드가 박혀 있는 반지처럼 보여 다이아몬드 링이라고 한다. 이 세상에서 제일 큰 다이아반지다.

햇빛은 어떻게 새어 나올 수 있을까?

우리 눈에는 달의 외곽선이 매끄럽게 보이지만 사실 달에는 크레이터도 있고 높은 곳도 있고 낮은 곳도 있어서 달의 외곽은 굴곡져 있다.

| 그림 3-5

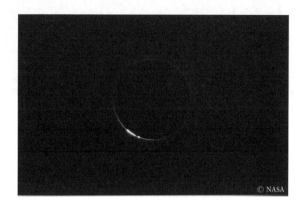

© NASA | 그림 3-6

개기일식 때 달이 태양을 완전히 가린 경우에는 햇빛이 지구로 올 수 없지만, 달이 가까스로 태양을 가린 경우에는 달에 있는 계곡같이 틈이 있는 곳에서 햇빛이 새어 나올 수 있다.

그 곳이 다이아몬드 반지에 있는 다이아몬드가 된다.
〈그림 3-5〉처럼 큰 다이아몬드가 박혀 있는 경우도 있고 〈그림 3-6〉처럼 작은 다이아몬드가 일렬로 박혀 있는 경우도 있다.

저 다이아몬드는 몇 캐럿이나 될까? ▪▪

4. 블러드문

　월식은 〈그림 3-7〉처럼 태양-지구-달이 일직선에 있을 때 달이 지구 그림자 속으로 들어가면 일어난다. 달은 보름달의 위치에 있다.

　그렇다고 매번 보름달일 때마다 월식이 일어나지는 않는다.
　달의 공전 궤도가 지구의 공전 궤도에 대해 5°정도 기울어져 있기 때문이다.
　〈그림 3-7〉에서 달이 공전하면서 지구 그림자의 위나 아래로 지나가면 보름달이라도 월식이 일어나지 않고 지구 그림자 속

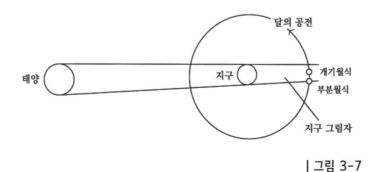

| 그림 3-7

| 그림 3-8

으로 들어갈 때만 월식이 일어난다.

　기다리고 있던 월식이 시작되었다. 점점 둥근 보름달이 먹혀 들어가고 있다.

　마침내 모든 달이 지구 그림자 속으로 완전히 들어가면서 달은 사라지고 밤하늘은 더욱 깜깜해지리라고 생각되는 순간, 홀연 달은 붉은 둥근달로 변해 버린다.

　그림자 속에 먹혀 들어간 달이 오히려 붉게 변한 것이다.

　사라진 마술사가 연기 속에서 다시 나타나는 것처럼.

　개기월식은 달이 지구 그림자 속으로 완전히 들어갔을 때이다. 이때는 달이 햇빛을 받을 수 없으므로 지구에서 달을 볼 수 없다. 하지만 이상하게도 개기월식 때 달은 붉게 보인다.

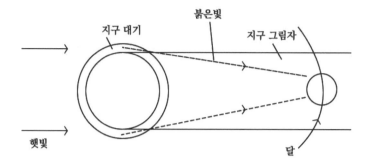

| 그림 3-9

달이 보인다는 것은 달이 어쨌든 빛을 받고 있으며 그 빛을 반사시키고 있다는 것을 의미한다. 그 빛은 무엇인가?

태양에서 달로 가는 빛을 지구가 가려 달은 햇빛을 못 받지만 지구 대기에 의해 굴절된 빛은 꺾여서 달까지 갈 수 있다.

그런데 굴절된 빛 중 파장이 짧은 파란빛은 지구 대기에서 산란되어 사방으로 흩어지고 산란이 잘 안 되는 붉은빛은 달까지 간다. 달은 붉은빛을 받아 그 빛을 반사시키기 때문에 붉게 보이는 것이다(《그림 3-9》 참조).

붉게 보여 으스스한 분위기가 연출되므로 이 달을 블러드문 Blood Moon이라고 한다.■■

5. 옥에 티를 찾아라

달에 관한 수업을 하면서 학생들이 힘들어할 때쯤 꺼내는 비장의 무기가 있다.

이놈들이 재미있어할 게 분명해서 나도 약간 흥분된다.

이 수업은 한 장의 그림을 보여 주며 시작된다.

신윤복의 〈월하정인〉이라는 그림으로, 제목 그대로 달빛 아래 두 연인이 은밀히 만나는 모습을 나타내고 있다.

달빛 속의 남과 여.

분위기 깨는 소리 같지만 그림 속의 달은 신윤복 화가가 실제

| 그림 3-10. 월하정인(간송미술문화재단 소장)

떠 있는 달을 그린 것일까, 아니면 상상으로 그린 것일까?

이 질문이 이날의 수업 내용이다.

먼저 〈그림 3-10〉 속의 달을 보자. 그림의 달은 초승달 모양이다.

초승달은 태양이 서쪽 하늘로 진 초저녁에 보이는 달이다. 밤이 깊어지면 서쪽 지평선 아래로 지기 때문에 한밤중에는 볼 수 없다.

초승달로 미루어 보아 두 남녀는 초저녁에 만나고 있다는 것을 알 수 있다.

그런데 문제는 그림 속에 월침침야삼경月沈沈夜三更이라는 문구가 있다. 두 남녀가 삼경에 만나고 있다고 화가가 시간을 명시한 것이다. 삼경은 자정 전후의 시간이다.

자정에 초승달이 떠 있다니. 그림 속에서 옥에 티를 발견하는 순간이다.

한밤중에 중천에 떠 있는 달은 보름달이어야 맞다. 태양 반대편에 있는 달은 보름달이기 때문이다.

그림 속의 초승달은 화가가 실제 달을 그린 것이 아니라 상상으로 그렸다고 볼 수 있다.

훤한 보름달보다는 어둠침침한 초승달이 무드 잡기에는 더 좋지 않겠는가?

만약 이 그림을 화가가 삼경에 실제로 눈에 보이는 달을 그대로 그렸다면 이날 두 남녀가 만나고 있을 때는 보름인데 마침 월식이 일어나서 그 보름달이 초승달로 보였다고 할 수 있다. 사실 그림 속의 초승달도 실제 초승달과 모양이 조금 다르다. 초승달은 오른쪽이 빛나는데 그림 속의 달은 위가 빛나는 초승달이다. 이런 달은 월식이 진행될 때만 볼 수 있는 달이다.

역사 기록에 의하면 신윤복이 살던 당시에 월식이 있었다고 한다. 그렇다면 이 두 남녀가 만났던 정확한 날짜도 알 수 있다.

두 남녀, 야심한 밤에 월식 구경하러 나오지는 않았겠지. ■▪

〈한마디 더〉

—아래 그림의 천체는 달인가?

천체가 달이라고 치자.

초승달이나 그믐달 모양으로 생겼다. 달의 빛나는 부분을 보면 태양의 위치를 알 수 있다. 빛나는 방향으로 태양이 있기 때문이다. 달의 위가 빛나므로 태양이 위에 있어야 한다. 태양이 하늘에 떠 있다는 뜻이다. 낮이다. 낮에 달이 보일 수 없으므로 달이 아니다. 낮달이라 할지라도 구름이 낀 하늘에 낮달이 저렇게 선명하게 보일 수 없다.

그림의 천체는 태양이다. 태양이 뭔가에 가려져서 일부분만 보이고 있다. 그런데 구름에 가려졌다기에는 너무 외곽선이 뚜

| 그림 3-11

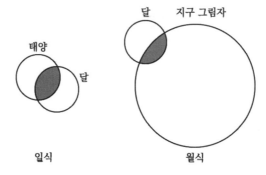

| 그림 3-12. 일식과 월식은 가려진 부분의 굴곡이 다르다. 일식은
동그랗고 월식은 지구 그림자라 굴곡이 거의 직선이다

렷하다. 구름이 아니라 달에 가려진 것이다. 부분일식이다. 달
이 태양을 가리고 있는 것이다.

 누군가는 보름달이 지구 그림자에 가려진 월식이라고 생각할
수도 있다. 그런데 그림을 자세히 보면 지구 그림자의 크기가
너무 작다. 가리고 있는 원의 굴곡이 달과 같다. 지구 그림자가
아닌 달이 태양을 가렸다고 봐야 한다. 달과 태양은 크기가 같
아 보이므로 가려진 원의 굴곡이 같다는 것은 하나는 달이고
하나는 태양이라는 뜻이다. 이 그림에 지구 그림자는 없다. 월
식이 아니다.

 달처럼 밝게 보이는 천체는 태양이고 태양의 일부분을 달이
가리고 있는 장면이다. 어쨌든 그림에는 달도 있다. 그림의 천
체가 무엇인가라는 물음에 달이라고 해도 정답이다.

6. 지구 그림자

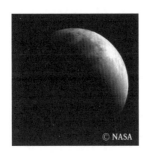

| 그림 3-13

〈그림 3-13〉은 월식 사진이다. 지구가 둥근 증거로 많이 써먹는 사진이다. 달에 비친 지구의 그림자가 동그랗게 보이기 때문이다.

〈그림 3-14〉로 지구의 모양을 알 수 있지만 지구의 크기도 알 수 있다. 〈그림 3-14〉처럼 멀리서 오는 햇빛은 평행하게 지구로 오기 때문에 지구 그림자의 크기가 실제 지구의 크기를 나타낸다.

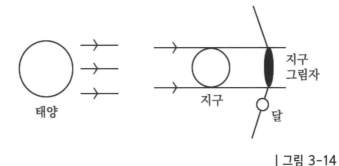

| 그림 3-14

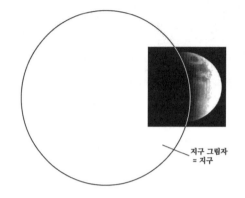

지구 그림자
= 지구

| 그림 3-15

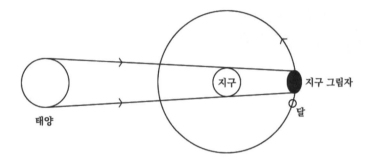

태양   지구   지구 그림자   달

| 그림 3-16

월식 사진에서 〈그림 3-15〉처럼 지구의 그림자 윤곽대로 원
을 그리면 지구 그림자의 크기가 나온다. 그림자의 크기가 실
제 지구 크기이다.

〈그림 3-15〉에서 달과 지구의 반지름을 비교하면 달과 지구
의 상대적인 크기를 알 수 있다.

이렇게 구한 지구의 크기는 실제 지구보다 약간 작게 나온다. 지구 그림자의 크기가 실제 지구의 크기보다 약간 작기 때문이다.

햇빛은 평행하다고 했으나 실제는 태양의 크기가 지구보다 크기 때문에 태양이 멀리 있다고는 해도 햇빛은 완전히 평행하지가 않다. 〈그림 3-16〉처럼 약간 안으로 모인다. 지구 그림자의 크기는 실제 지구보다 약간 작다. ▝▪

7. 터널 속을 빠져나오는 달

멀리서 기차가 터널 속으로 사라지고 있다. 한참 만에 터널을 빠져나온다. 터널이 길수록 그 시간이 길 것이다. 기차가 터널 입구에서부터 터널 속으로 사라진 시간과 기차가 터널을 통과할 때 걸린 시간을 비교하면 터널 길이가 기차 길이의 몇 배인지를 알 수 있다.

만약 기차가 터널 입구에서 터널로 들어가는 데 걸린 시간 보다 기차가 터널을 통과하는 데 걸린 시간이 5배 길다면 터널의 길이는 기차 길이의 5배이다.

기차의 길이를 재면 터널의 길이가 얼마인지도 알 수 있다.

마찬가지로 월식 때 달이 지구 그림자 속으로 들어간 후 한참 만에 나온다면 지구의 크기가 달에 비해 어느 정도 되는지를 알 수 있다. 달을 기차, 지구 그림자를 터널이라고 생각하면 된다.

지구 그림자는 지구의 실제 크기를 나타낸다. 따라서 달이 지구 그림자를 통과하는 데 걸리는 시간, 즉 개기월식이 진행되는 시간이 길수록 지구의 크기가 크다.

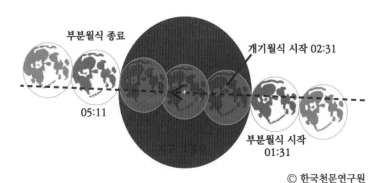

부분월식 종료

개기월식 시작 02:31

05:11

지구 그림자

부분월식 시작
01:31

© 한국천문연구원

| 그림 3-17

〈그림 3-17〉은 한국천무연구원에서 제공한 2029년 6월 26
일에 있을 개기월식 진행 시간이다. 01시 31분에 달이 지구 그
림자에 가려지기 시작해서 완전히 가려질 때가 02시 31분이
다. 달이 지구 그림자 속으로 잠기는 데 1시간 걸린다.

달이 지구 그림자 속을 통과하는 데 걸리는 시간은 달이 지구
그림자를 완전히 빠져나오는 데 걸린 시간인 5시 11분에서 2
시 31분을 빼면 2시간 40분이다. 2시간 40분은 달이 지구 그
림자 속으로 완전히 잠기는 데 걸리는 시간인 1시간의 2.7배이

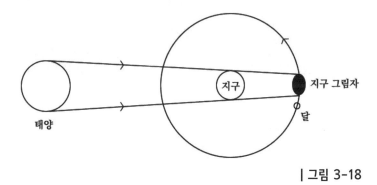

태양 　지구 　지구 그림자 　달

| 그림 3-18

므로 지구의 크기가 달의 크기의 2.7배라는 것을 알 수 있다.

　실제 달의 반지름은 1,737km, 지구 반지름은 6,371km이므로 지구 크기는 달 크기의 3.7배이다.

　위에서 구한 값은 2.7이다. 왜 실제 값이 더 클까?

　월식을 이용해서 구한 지구의 크기는 지구 그림자의 크기가 실제 지구의 크기와 같다는 가정에서 구한 지구의 크기이다. 그러나 지구 그림자의 크기는 지구 크기보다 약간 작다.

　태양의 거리에 비해 태양의 크기가 커서 〈그림 3-18〉처럼 태양의 위에서 나온 빛과 아래에서 나온 빛이 지구로 나란하게 들어오지 않아서 지구의 그림자가 실제 지구 크기보다 작다. 만약 위와 아래에서 나온 햇빛이 지구로 나란히 온다면 지구 그림자의 크기가 실제 지구의 크기와 같을 것이다.

작게 나온 또 다른 이유는 위의 월식에서 달이 지구 그림자를 통과하는 시간인 2시간 40분은 지구 그림자에서 가장 긴 경로를 통과한 것이 아니라 약간 아래로 지나갔기 때문이다. 가장 긴 경로가 아니기 때문에 실제보다 지구 그림자의 크기가 작게 계산된다. 지구 그림자에서 달이 가장 긴 경로를 통과할 때는 2시간 50분 정도 걸린다. ▪▪

8. 달의 거리는 지구 반지름의 몇 배인가?

월식을 설명할 때는 〈그림 3-19〉와 같이 그린다.

달이 그림에 있는 지구 그림자 속으로 들어가면 달이 지구 그림자에 가려지면서 월식이 일어난다.

달이 공전 궤도를 한 바퀴 도는 데 걸리는 시간은 달의 공전주기인 27.3일이다.

달이 지구 그림자를 통과하는 데 걸리는 시간은 월식 진행 시간이다. 따라서 다음의 비례식이 성립한다.

달의 공전 원둘레 : 지구 그림자 지름

= 공전주기 : 월식 진행 시간

위의 비례식에서 달의 공전주기와 월식 진행 시간을 이용하여 달의 공전 원둘레와 지구 그림자 지름의 비를 알 수 있다.

달의 공전 궤도 길이와 지구 그림자의 크기가 실제로 위의 그림과 같다고 생각하고 월식 진행 시간이 얼마인지 계산해 보자. 〈그림 3-19〉에서 달의 공전 궤도 반지름은 지구 그림자 지름의 4배 정도 된다.

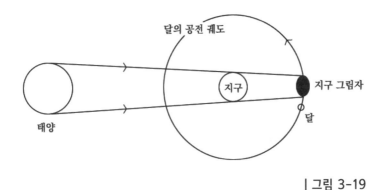

| 그림 3-19

지구 그림자의 지름을 D라고 하면 달의 공전 궤도 반지름은 4D이므로 달의 공전 궤도 둘레는 $2\pi \times 4D = 8\pi D$이다. π는 3.14이므로 달의 공전 궤도의 길이는 25D이다.

그림에서 대략 계산해 보니 원둘레는 지구 그림자 지름의 25배가 되었는데 27배라고 하자. 어차피 대략이니까.

달이 지구 그림자의 27배 거리를 가는 데 27.3일 걸리므로 그림에서 지구 그림자를 통과하는 데 걸리는 시간은 대략 하루이다. 그림이 실제라면 월식 진행 시간이 하루이다.

그러나 실제 월식 진행 시간은 가장 길 때가 2시간 50분이다. 2시간 50분만 진행될 월식이 〈그림 3-19〉에서는 하루에 해당하는 24시간 진행되었으므로 이 그림에서는 지구 그림자의 크기가 8.5배 크게 그려졌다. 아니면 지구 공전 궤도가 8.5배 작게 그려진 것이다.

누군가 시비를 걸면 지구의 크기를 〈그림 3-19〉에서 8.5배 작게 그려야 정확한 그림이 된다.

월식 설명하기도 힘들 것이다.

월식 상황을 정확히 그리려면 원둘레와 지구 그림자의 길이 비를 얼마로 해야 될까?

지구 공전주기는 27.3일이고, 월식 진행 시간은 2시간 50분이므로 달의 공전 원둘레 : 지구 그림자 지름=27.3일×24시간 : 2시간 50분=232 : 1의 비율대로 그려야 한다.

달의 공전 원둘레를 지구 그림자의 지름보다 232배 더 길게 그려야 한다.

지구와 달의 거리를 r이라고 하면 원둘레인 $2\pi r$은 지구 지름의 232배이다.

$$\frac{2\pi r}{D} = 232$$

$$\frac{r}{D} = \frac{232}{2\pi} = 37$$

위 식은 지구와 달 사이의 거리 r이 지구 지름 D의 37배, 지구 반지름의 72배라는 것을 나타낸다.

월식 진행 시간을 이용해서 달의 거리가 지구 반지름의 72배라는 사실을 알아낸 것이다.

하지만 실제 달의 공전 궤도 반지름은 380,000km이고 지구 반지름은 6,400km이므로 달의 거리는 지구 반지름의 60배이다.

왜 이렇게 차이가 날까?

위의 월식 그림처럼 달이 통과하는 지구 그림자는 실제 지구의 크기보다 약간 작다. 태양의 거리에 비해 태양의 크기가 커서 태양의 위에서 나온 빛과 아래에서 나온 빛이 지구로 나란하게 들어오지 않기 때문이다. 만약 위와 아래에서 나온 햇빛이 지구로 나란하게 온다면 지구 그림자의 크기가 실제 지구의 크기와 같아진다.

지구의 그림자가 실제 지구보다 작아서 달의 거리와 지구의 크기의 비가 60보다 크게 나온 것이다.

과거에 지구와 달 사이의 거리를 몰랐을 때도 월식 진행 시간을 이용하여 지구와 달의 거리가 지구 반지름의 몇 배인지는 알고 있었다.■▪

9. 일식과 아인슈타인

■ 달에 관한 책을 쓰고 있어. 달과 관련된 재미있는 내용이야라고 으스댈 때가 있다.

상대방이 궁금해 하면 그중 하나를 얘기해 준다.

태양 뒤에 있는 별이 보일 때가 있어. 태양에 가려졌고 햇빛 때문에 눈이 부셔도 볼 수 있는 별이 있어. 신기하지?

관심을 기울이면 계속 얘기해 준다.

일식 때는 〈그림 3-20〉처럼 태양과 달, 지구가 일직선이 된다. 그림에는 태양 뒤로 별도 있다. 이 별은 태양에 가려 볼 수 없다.

그러나 지금처럼 일식 상황이라면 태양 뒤에 숨은 별을 지구에서 볼 수 있다. 도대체 가려진 별이 어떻게 보일 수 있나? 이런 사실은 공교롭게도 아인슈타인의 상대성이론을 뒷받침하는

지구   달   태양   태양에 가려진 별
                        ☆

| 그림 3-20

| 그림 3-21

증거가 되었다.

별에서 나온 빛 1, 2, 3은 멀리서 오기 때문에 〈그림 3-21〉처럼 지구를 향해 나란하게 온다. 1, 2는 지구로 오게 되어 지구에서 그 별을 볼 수 있고 3은 지구 위로 통과해 버린다.

아인슈타인의 상대성이론에 의하면 별빛도 중력을 받아 휜다고 한다. 지구로 들어오는 별빛이 휘면 별의 위치가 이동한다. 〈그림 3-22〉처럼 지구 앞에 태양이 있으면 별에서 온 빛 1, 2는 태양에 가려 지구로 올 수 없으므로 지구에서 별을 볼 수 없다. 하지만 지구 위로 가버릴 3이 태양 중력을 받아 태양 쪽으로 휘어진다면 그 별빛이 지구로 오게 되어 지구에서 그 별이 보

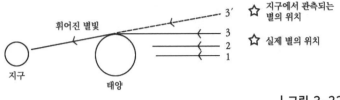

| 그림 3-22

이게 된다. 태양에 가려진 별이 보이게 된다.

관측되는 별의 위치는 태양 뒤가 아니라 태양 바로 옆이다. 지구에서 3번 빛을 역추적하면 별빛이 3′에서 시작된다. 지구에서는 3번 빛이 〈그림 3-22〉의 3′에서 왔다고 생각한다. 태양이 3′에서 보인다. 태양 때문에 별이 평소 보이던 곳에서 3′로 약간 이동했다. 태양이 지구를 가리고 있어서 별이 지구를 보기 위해 고개를 옆으로 내민 꼴이다.

이런 사실을 햇빛이 밝을 때는 확인할 수 없지만 개기일식 때는 햇빛이 가려져 하늘이 어둡기 때문에 별의 위치 변화를 확인할 수 있다.

실제로 1919년 에딩턴은 개기일식 때 태양 뒤에 숨겨진 별이 태양 옆에서 보이는 장면을 촬영하여 별들이 원래 있던 위치보다 약간씩 이동한 사실을 확인하였다.

상대성이론에서 별빛도 중력을 받아 휜다는 사실을 관측으로 증명한 것이다.

에딩턴이 찍은 한 장의 사진으로 아인슈타인은 일약 대스타가 되었다.■ₚ

〈한마디 더〉

―중력렌즈

  중력이 강한 천체를 만나면 빛조차 휜다고 한다. 렌즈를 통과한 빛이 휘는 것과 같아 중력렌즈라고 한다.

  이런 중력렌즈 현상 때문에 한 개의 은하가 두 개의 은하로 보이는 경우가 있다. 똑같이 생긴 두 개의 은하가 붙어서 관측되는 경우에는 한 개의 은하가 두 개로 보이지는 않았나 의심해 봐야 한다. 〈그림 3-23〉과 같이 지구로 오는 은하의 빛이 중간에 있는 중력이 강한 천체를 만나 빛의 경로가 휘어지면 실제 은하는 보이지 않고 실제 은하 양옆으로 두 개의 은하로 보인다. 지구에서는 빛이 허상의 두 은하에서 온 것으로 관측되기 때문이다.

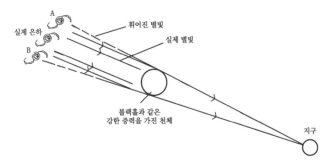

| 그림 3-23. 실제 은하가 별빛이 휘어져 두 개의 쌍둥이 은하 A, B로 관측된다

10. 수능 오류 문제

일식은 태양이 달에 가려지는 현상이다. 지구-달-태양이 일 직선상에 놓일 때 일어난다.

〈그림 3-24〉에서 개기일식이 일어나는 지역은 달 때문에 태양을 전혀 볼 수 없다. 달이 태양을 완전히 가리는 지역이다.

a에서는 달이 태양을 가려도 태양의 왼쪽만 가리기 때문에 태양의 오른쪽은 보인다. a에서는 달이 태양의 왼쪽을 가리는 부분일식이 일어난다. b에서는 태양의 왼쪽은 볼 수 있다. 태양의 오른쪽이 가려지고 왼쪽이 보이는 부분일식이 일어난다.

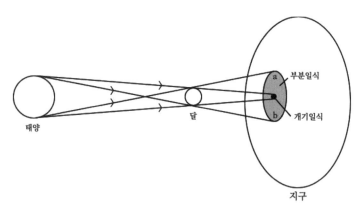

| 그림 3-24

달은 타원을 그리며 지구를 공전한다. 지구와 달의 거리가 변한다.

〈그림 3-24〉에서 달의 위치가 좌우로 왔다 갔다 한다는 뜻이다. 달이 왔다 갔다 하면 지구에 드리워지는 달그림자의 크기가 변한다.

〈그림 3-24〉에서 달이 더 지구 쪽에 있으면 지구에 드리워지는 달그림자가 커져서 개기일식을 더 넓은 지역에서 볼 수 있다.

달이 더 태양 쪽에 있다면 개기일식이 일어나도 태양의 가장자리가 보인다. 달이 지구에서 멀어져서 태양을 완전히 못 가리고 태양의 품속으로 들어간다. 개기일식이긴 하지만 태양의 가장자리가 보인다. 이런 일식이 금환일식이다.

그러면 〈그림 3-24〉에서 개기일식과 부분일식이 일어나는 지역을 표시한 원의 크기는 제대로 그려진 것인가?

실제 일식이 일어날 때 개기일식과 부분일식을 볼 수 있는 지역이 어느 정도인지 궁금하다.

〈그림 3-25〉는 한국천문연구원이 제공한 2009년 7월 22일

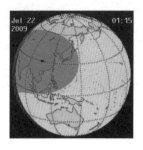

| 그림 3-25

에 일어난 일식으로 세계시로 01시 15분, 우리나라 시각으로 10시 15분에 개기일식과 부분일식이 일어난 지역을 나타낸다.

〈그림 3-25〉에서 가운데 검은 점이 개기일식이 일어나는 지역이고 커다란 원이 부분일식이 일어나는 지역이다. 개기일식은 부분일식에 비해 극히 일부 지역에서만 나타난다.

일식이 일어나는 동그란 지역은 시간이 지나면서 오른쪽으로 이동해간다. 이날 개기일식이 일어나는 지역인 검은 점은 우리나라 아래로 지나가므로 이날 우리나라는 부분일식만 관측할 수 있었다.

이날 있었던 일식이 수능시험에 등장했다.

〈그림 3-26〉은 2010학년도 대학수학능력【지구과학 I】19번 시험 문항이다.

문제가 생겨 출제 기관인 한국교육과정평가원에서 복수 정답을 인정한 문항이다.

복수 정답이 된 사연을 알아보자.

19. 그림은 2009년 7월 22일 우리나라 부근을 지나간 달의 본 그림자의 궤적과 이동 방향을 나타낸 것이다.

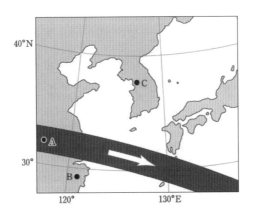

A, B, C 세 지역에서 일어나는 일식 현상을 비교한 설명으로 옳은 것만을 〈보기〉에서 있는 대로 고른 것은?

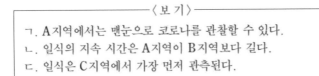

― 〈 보 기 〉 ―
ㄱ. A지역에서는 맨눈으로 코로나를 관찰할 수 있다.
ㄴ. 일식의 지속 시간은 A지역이 B지역보다 길다.
ㄷ. 일식은 C지역에서 가장 먼저 관측된다.

① ㄱ   ② ㄷ   ③ ㄱ, ㄴ   ④ ㄴ, ㄷ   ⑤ ㄱ, ㄴ, ㄷ

| 그림 3-26

〈보기〉의 (ㄱ) 문항은 옳은 내용이다. 태양 대기인 코로나는 평소에는 태양 면이 너무 밝아서 보이지 않지만 태양 면이 완전히 가려지는 개기일식 때는 맨눈으로 코로나를 볼 수 있다. (ㄷ) 문항은 틀린 내용이다. 일식은 화살표 방향으로 진행되므로 일식은 A지역에서 가장 먼저 관측된다.

문제가 생긴 문항이 (ㄴ)이다.

일반적으로 달그림자의 모양이 원형이라 개기일식이 일어나는 지역은 일식 진행 시간이 길다. 개기일식 지역이 달그림자의 중앙을 통과하기 때문이다. 이것이 출제 의도이고 그러면 (ㄴ) 문항은 옳고 정답은 ③이 된다.

그런데 130°E 지역에서 개기일식이 일어나고 있을 때는 B지역이 A지역보다 개기일식이 일어나는 지역에서 가깝다. 가까운 B에서는 부분일식이 일어나고 먼 A에서는 일식이 끝났을 수도 있다. 이럴 때는 부분일식도 일식이므로 B 지역에서 일식 지속 시간이 더 길다.

실제로 문제에 명시된 2009년 7월 22일 일식 때 B지역에서 일식 지속 시간이 더 길었다. (ㄴ) 문항은 실제 상황에 적용하면 틀린 문항이 된다. 정답이 ①로 바뀌게 된다.

한국교정평가원은 개기일식 지역이 지속 시간이 길다는 일반적인 내용과 특수한 경우에는 그렇지 않을 수도 있다는 것을 모두 인정하여 복수 정답 처리하였다.

최고의 전문가 집단에서 낸 문제지만 오류가 발생했다.

오류 발생을 막기 위해 문제를 미리 공개하고 시험을 보는 것이 어떨까? ■▄

IV. 지구와 얽힌 달

1. 한쪽이 늘어나면
다른 쪽도 늘어난다

물밀듯이 다가온다. 이 말은 바닷가에서 생긴 말일 것이다. '물밀'을 거꾸로 하면 '밀물'인데, 밀물 때 바다 멀리에서 쳐들어오는 물을 보고 누군가가 위와 같은 말을 했을 것이다.

무슨 힘으로 흘러들어 올까?

조금만 주의를 기울이면 달이 주범이라는 것을 알 수 있다.

달이 떠 있으면 물밀듯이 물이 들어오니까.

달이 잡아당겨서 바닷물이 달 쪽으로 끌려간다고 생각하면 된다.

어! 달이 잡아당기면 지구는 왜 안 끌려가고 바닷물만 가는가?

달과 지구 사이에는 만유인력이 작용하고 있다. 서로 잡아당긴다. 달이나 지구나 같은 힘으로 잡아당긴다.

이 힘 때문에 서로 부닥칠 수도 있지만 이 힘 때문에 서로 돌

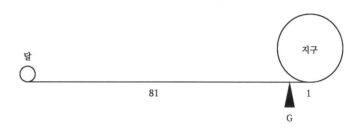

| 그림 4-1

고 있다. 잡아당기는 힘을 서로 상대방을 돌리는 데 쓰고 있다. 같은 힘을 받아 돌고 있으므로 질량이 작은 달이 더 큰 원을 돌아야 한다.

만약 달과 지구의 질량이 같다면 달과 지구 사이에 있는 가운데 점을 중심으로 서로 마주 보면서 돈다. 그런데 지구의 질량이 달 질량의 81배이므로 달과 지구 사이의 무게 중심 점 G는 〈그림 4-1〉처럼 지구 쪽에 있다.

G는 달과 지구 사이를 81 : 1로 내분하는 점이다.

G를 중심으로 달도 돌고 지구도 돈다. 달이 81배 더 큰 원을 돈다. 서로 간에 잡아당기는 힘은 같고 달의 질량이 작아서 달이 81배 더 크게 돈다.

우리가 보기에 달만 지구 중심을 돌고 있는 것 같지만 사실은 지구도 달과 지구 사이의 무게 중심 점인 G를 중심으로 돌고 있다.

〈그림 4-2〉처럼 15일 후에 달이 G를 중심으로 반 바퀴 돌아

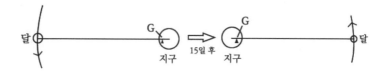

| 그림 4-2

오른쪽으로 가면 지구도 G를 중심으로 반 바퀴 돌아 왼쪽으로
간다. 공간에서 고정되어 있는 G를 중심으로 서로 돌고 있다.
달과 지구는 G를 중심으로 항상 마주 보고 있다.

달이 지구를 돌리고 있다.

지구가 G를 중심으로 원운동을 하면 원심력을 받아 지구가
달 반대 방향으로 멀어져야 하지만 달이 잡아당기니까 지구는
한자리에서 계속 돌고 있다. 달의 인력=원심력이다.

지구가 G를 중심으로 원운동을 하면 달에 가까운 지점인 A,
지구 중심 O, 달에서 먼 지점인 B는 〈그림 4-3〉처럼 원운동을
한다. 원의 반경이 모두 같다. 따라서 G를 중심으로 돌 때 생긴
원심력은 지구상 어디에서나 같다.

지구가 한 점이라면 그 점에서 달이 잡아당기는 힘과 지구가
돌 때 생긴 원심력이 같다. 그런데 지구가 조금 커지면 지구상

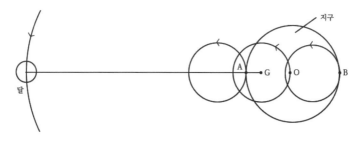

| 그림 4-3. 지구가 공통질량중심 G를 중심으로 한 바퀴 회전하는 동안 지표상의 A, B 지점도 지구 중심 O도 모두 같은 원을 그리며 회전한다. 원의 반경이 같으므로 회전으로 생긴 원심력은 A, B, O 모두 같다

의 각 지점은 달과 거리가 가까운 곳도 생기고 먼 곳도 생기게 된다. 지구에서 달과 가까운 곳은 달의 인력이 커진다. 원심력은 지구상 어디에서나 같다.

그래서 달의 인력=원심력의 관계가 깨진다.

지구 중심에서만 달의 인력과 원심력이 같고 나머지 지역에서는 두 힘의 차이가 생긴다.

〈그림 4-4〉의 지구 중심 O에서는 달의 인력과 원심력이 같다. 달 쪽의 A지점은 달의 인력이 커서 바닷물이 달 쪽으로 힘을 받고 달의 반대쪽인 B지점은 원심력이 커서 바닷물이 달의 반대쪽으로 힘을 받는다. A 근처의 바닷물도 달 쪽으로 끌려가고 B 근처의 바닷물도 달의 반대쪽으로 끌려가게 된다.

결국 달 쪽도 밀물이고 달의 반대쪽도 밀물이 된다.

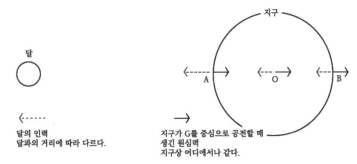

달

달의 인력
달과의 거리에 따라 다르다.

지구

지구가 G를 중심으로 공전할 때
생긴 원심력
지구상 어디에서나 같다.

A   O   B

| 그림 4-4

수치를 대입하여 좀 더 자세하게 얘기해 보자.

지구가 G를 중심으로 돌 때 생긴 원심력을 100이라고 하자.

이 힘은 지구상 어디에서나 같다. A와 O, B 모두 원심력은 100이다. 달의 인력은 지구 중심에서 -100이다. (-)는 달의 방향을 의미한다. 원심력이 100이면 달의 인력은 지구 중심에서 -100이 되어야 한다. 그래야 지구가 달에서 멀어지지도 않고 가까워지지도 않는다.

그런데 A는 지구 중심보다 달과 가까워서 달의 인력이 -100이 아니라 -110이다. 원심력 100보다 -10만큼 크므로 물은 달 쪽으로 끌려간다.

B에서는 지구 중심보다 달에서 멀어 달의 인력이 -100이 아니라 -90이다. 원심력 100보다 10만큼 작아서 물은 달의 반대쪽으로 끌려간다.

지구가 물풍선이라면 지구는 양쪽이 늘어나 길게 늘어지게 된다.

이와 같은 일은 달에서도 일어난다. 달에 바닷물이 있다면 달에서도 밀물, 썰물 현상이 생긴다. 달도 지구 때문에 양쪽으로 늘어나는 힘을 받고 있다.

밀물, 썰물을 일으키는 힘을 기조력이라고 한다.

기조력은 서로 잡아당기는 힘에 의해 생기기 때문에 두 천체 사이의 거리가 가까우면 훨씬 커진다.

만약 달이 지구에 가까이 있었다면 달에 미치는 기조력이 커져서 달은 양쪽으로 쭉 늘어나 결국 부서지고 만다. 달의 중력으로 뭉치려고 하는 힘보다 기조력으로 늘어나는 힘이 더 커져서 달이 산산조각이 난다. 조각난 돌들이 지구 둘레를 돌면 지구도 토성같이 고리를 가진 행성이 된다.

불행인지 다행인지 모르지만 달은 지구에서 멀리 있어 부서지는 일을 면했다.

너무 가까워도 탈입니다. 조심합시다.■▪

〈한마디 더〉

—기조력 방향

 지구상 각 지점에서 작용되는 기조력의 방향은 〈그림 4-5〉
와 같다.

 어느 지점에서나 지구가 공통질량중심을 중심으로 돌 때 생
긴 원심력은 크기와 방향이 모두 같다. 하지만 달의 인력은 달
방향이고 달에 가까울수록 크다.

 그래서 두 힘의 합력인 기조력은 〈그림 4-5〉와 같이 나타난
다. 화살표 방향의 기조력을 받은 바닷물은 결국 가운데로 몰
리게 된다.

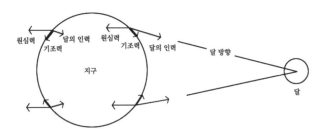

| 그림 4-5

―위성 이오의 화산 활동

이오, 유로파, 가니메데, 칼
리스토는 갈릴레이가 발견
한 목성의 4대 위성이다. 그
중 이오가 목성에 가장 가깝
다. 이오는 태양계 위성 중
특이하게도 화산 활동이 있
다. 이오의 화산 활동은 목
성의 기조력이 원인이다. 4
대 위성 중 목성에 가장 가
까워서 목성의 기조력을 크
게 받아 밀물, 썰물이 일어

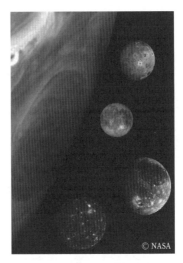

| 그림 4-6. 목성과 4대 위성.
　　위로부터 이오, 유로파,
　　가니메데, 칼리스토

나는 것처럼 딱딱한 지각이 수축과 팽창을 반복한다. 그럴 때
생긴 열 때문에 화산활동이 있다.

　목성이 이오를 쥐었다 놓았다 주물럭대고 있다고 보면 된다.

　목성에게 시달리고 있는 이오는 언젠가는 폭발이 일어나 조
각들이 목성 둘레를 돌게 될 수도 있다. 토성의 고리처럼.

―기조력은 거리 세제곱에 반비례

달의 인력을 받아 지구는 〈그림 4-7〉의 G를 중심으로 회전한다. 그 바람에 지구상의 3지점 A, O, B는 그림처럼 반지름이 같은 원운동을 한다. 세 지점은 달과 거리가 달라서 받고 있는 달의 인력은 다른데, 같은 힘을 받은 것처럼 똑같은 원운동을 하고 있다.

지구 중심 O에서는 받은 인력만큼 원운동을 한다. 달과 가까운 A는 달의 인력이 크다. 하지만 받은 인력보다 작은 원운동을 한다. 그래서 힘이 남아 달 쪽으로 힘을 받는다. 달과 거리가 먼 B에서는 받은 힘보다 더 큰 원운동을 한다. 그래서 달의

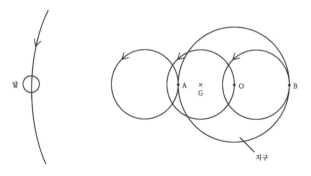

| 그림 4-7

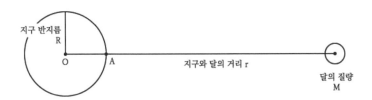

| 그림 4-8

반대쪽으로 힘을 받는다. 받은 힘과 원운동 하는 힘의 차이가 기조력이다. 지구 중심은 기조력이 0이고 A와 B는 기조력의 방향이 반대이다.

같은 얘기를 수식으로 해보자.

〈그림 4-8〉의 지구 중심 O에서 달의 인력은 $\dfrac{GMm}{r^2}$ 이다. 이 힘이 원운동하는 데 쓰이는 힘이다.

G는 만유인력 상수, M은 달의 질량, m은 지구 중심에 있는 물체의 질량이다.

그런데 A에서는 달의 인력이 $\dfrac{GMm}{(r-R)^2}$ 이고 원운동하는 데 쓰이는 힘은 지구 중심과 같이 $\dfrac{GMm}{r^2}$ 이다. 그래서 힘이 남는다. 이 두 힘의 차이가 기조력이다.

A에서 기조력

$$F = \frac{GMm}{(r-R)^2} - \frac{GMm}{r^2} = \frac{GMmR(2r-R)}{r^2(r-R)^2}$$

r에 비해 R이 작으므로 2r-R=2r, r-R=r이라고 하면

$F = \dfrac{2GMmR}{r^3}$ 이다.

기조력은 천체의 질량 M에 비례하고 거리 r에는 세제곱에 반비례한다. 질량보다는 거리의 영향을 훨씬 더 받는다.

지구는 달뿐만 아니라 태양의 기조력도 받는다. 하지만 태양이 비록 달보다 질량이 클지라도 거리가 멀어서 달의 기조력이 태양보다 2배 정도 크다.

$$\frac{\text{달의 기조력}}{\text{태양의 기조력}} = \frac{\text{달의 질량}}{\text{태양의 질량}} \times \frac{\text{태양의 거리}^3}{\text{달의 거리}^3}$$

$$= \frac{7.36 \times 10^{25}\,g}{2 \times 10^{33}\,g} \times \frac{(1.5 \times 10^8\,km)^3}{(3.84 \times 10^5\,km)^3} = 2.19$$

지구상의 모든 지점은 공동체이다. 같은 원을 그리며 돈다. 그러나 받는 힘은 다르다. 그래서 불균형이 생긴다.

마치 같은 공동체의 사람들이 같은 생활을 하고 있는데 각자 수입이 달라 불균형이 생기는 것과 같다.

2. 모세의 기적

■ 구급차에는 출산이 임박한 임산부가 타고 있습니다. 1분 1초가 급합니다. 도로는 차량들로 가득 차 있고 아직 병원까지는 멉니다. 이때 기적이 일어납니다. 바닷물이 갈라지듯이 차량들이 길 가로 붙어 길을 터줍니다. 모세의 기적이 일어난 것입니다.

병원에 무사히 도착한 산모는 건강한 아이를 출산했다는 뉴스 기사이다.

인파나 차량들이 갈라져서 길이 생기는 것을 '모세의 기적'이라고 표현한다. 성경에서 모세가 홍해를 갈라 이스라엘 백성을 구한 장면에서 나온 말이다.

평소에는 바닷물에 잠겨 있는 섬이 일 년에 한두 번 육지와 연결되는 곳이 있다. 그런 곳에서는 현대판 모세의 기적이라며 바닷길 축제가 열린다(〈그림 4-9〉 참조).

| 그림 4-9

신비하게 바닷물이 갈라지니 기적처럼 보일 수 있지만 사실은 바닷물이 갈라지는 정도가 늘 같지 않아서 나타나는 자연 현상이다.

다음은 이런 현상을 설명할 때 등장하는 용어이다.

만조, 간조: 밀물로 해수면이 가장 높아졌을 때, 썰물로 바닷물이 가장 멀리 빠졌을 때.

기조력: 조석을 일으키는 힘. 달과 태양 때문에 나타남. 태양은 달에 비해서 질량이 엄청 크지만 거리가 멀다. 기조력은 거리의 영향이 더 커서 달의 기조력은 태양 기조력의 2배 정도임. 달과 태양의 기조력이 겹쳐질 때가 있고 상쇄될 때가 있음. 달과 태양의 기조력 때문에 지구는 항상 양쪽으로 늘어나는 힘을 받음.

삭, 망: 음력 초하루, 보름

사리: 한 달 중 간조와 만조의 차이가 가장 클 때. 한 달에 두 번 일어남. 삭과 망일 때.

조금: 한 달 중 간조와 만조의 차이가 가장 작을 때. 한 달에 두 번 일어남. 상현달과 하현달일 때.

등장인물을 소개했으므로 이
야기를 전개해 보자.

〈그림 4-10〉은 삭, 망일 때와
상현달이 떴을 때 지구, 달, 태
양의 위치이다.

삭일 때는 달과 태양이 지구와
일직선상에 있으므로 달 때문에
달 쪽인 A와 달의 반대쪽인 B가
만조가 되고, 태양 때문에 태양
쪽인 A와 태양 반대쪽인 B가 또
만조가 되므로 두 개가 겹쳐 이
때 만조는 평소보다 크게 된다.

망일 때는 달과 태양이 반대쪽
에 있어 서로 양쪽에서 바닷물
을 잡아당겨 바닷물이 덜 불어
날 것 같지만 바닷물은 항상 양
쪽으로 불어나므로 달 때문에도
A와 B, 태양 때문에도 A와 B가

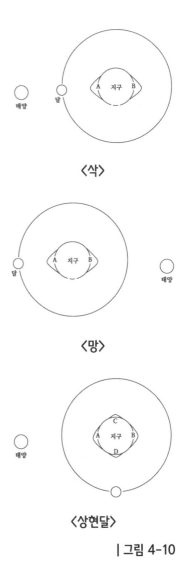

〈삭〉

〈망〉

〈상현달〉

| 그림 4-10

불어나 이때도 삭 때와 마찬가지로 만조는 평소보다 크게 된다.

그래서 삭과 망일 때 한 달 중 간조와 만조의 차이가 가장 커지는 사리가 된다.

하지만 상현달일 때는 달과 태양이 수직으로 어긋나 있어서 달 때문에는 C와 D가 만조지만 태양 때문에는 A와 B가 만조이므로 두 개가 상쇄된다. 달의 기조력이 태양보다 커서 C와 D에서 만조가 되지만 평소보다 작은 만조가 된다.

하현달이 뜰 때도 같다. 그래서 상현달, 하현달이 뜰 때 한 달 중 간조와 만조의 차이가 가장 작아지는 조금이 된다.

사리와 조금에서는 간조와 만조일 때 해수면의 높이도 차이가 나지만 물이 들어오거나 나가는 속도도 차이가 난다. 왜냐하면 물이 들어오고 나가는 데 걸리는 시간은 같은데 사리에서는 멀리 나갔다 들어오기 때문이다.

간만의 차는 달과 태양의 거리에도 영향을 받는다. 기조력은 거리가 가까우면 커지기 때문이다. 달의 공전 궤도도 타원이고 지구의 공전 궤도도 타원이라 달과 태양의 거리가 변한다. 사리 때 태양이 지구와 가깝고 달도 가까울 때가 겹치면 기조력이 커져서 간만의 차가 매우 커진다.

평소에는 사리 때 간만의 차가 크더라도 바닷길이 보일락 말락 하면서 열리지 않는다. 이때 달이 가까울 때라면 바닷물이 조금 더 열린다. 이때 태양도 지구와 가까울 때라면 비로소 바닷길은 활짝 열린다.

사리이면서 달도 태양도 지구와 가까워야 비로소 바닷길이 열리니 기적이라 아니할 수 없다. ▪▖▪

3. 물때

한창 테니스를 칠 때는 늘 일기 예보에 신경을 썼다. 비가 오면 칠 수 없기 때문이다. 일기 예보를 확인하는 일이 생활의 일부분이었다. 테니스를 소홀히 하는 요즈음은 날씨에 별로 신경을 안 쓴다. 이렇듯 같은 일도 누군가에게는 중요한 관심사가 된다.

물때라는 말이 익숙한가?

바닷물이 들어오고 나가는 시간을 물때라고 한다. 도시 사람은 물때라는 말이 낯설지만 어촌 사람들은 오늘이 무슨 요일이냐보다 중요한 것이 그날의 물때이다.

갯벌이 드러나는 시간에 맞춰 조개 채취도 하고 밀물, 썰물 시간에 맞춰 어선 출항도 한다. 물때에 따라 잡히는 어류의 종류도 달라진다. 물때가 생업과 밀접하게 관련되어 있다.

해안 지역의 달력에는 그날의 물때가 표시되어 있다. 그들에게는 오늘 물때가 언제인가를 알려 주는 것이 달력의 기능이다.

다음 〈표 4-1〉은 서해안 대천항 지역의 달력에 표시된 2020년 2월 8일부터 일주일간의 물때이다.

| 표 4-1

날짜	음력 날짜	만조 시간	간조 시간
8	15	02 : 17	09 : 04
		14 : 57	21 : 56
9	16	03 : 04	09 : 56
		15 : 40	22 : 42
10	17	03 : 40	10 : 44
		16 : 22	23 : 25
11	18	04 : 32	11 : 30
		17 : 03	
12	19	05 : 16	00 : 06
		17 : 43	12 : 13
13	20	06 : 00	00 : 45
		18 : 23	12 : 55
14	21	06 : 46	01 : 23
		19 : 05	13 : 37

2월 8일 만조 시간은 02시 17분이고 대략 6시간 후인 09시 4분에 간조가 되며 다시 6시간 후인 14시 57분에 만조가 된다. 대략 6시간 주기로 간, 만조가 반복된다. 썰물 때 갯벌에서 조개를 채취하고 있다면 6시간 정도는 여유가 있다.

그러나 좀 더 표를 살펴보면 2월 8일은 만조 시간이 2시 17분이고 다음 날은 3시 4분이다. 6시간 주기로 간만조가 일어나면 다음 날 같은 시각에 만조가 일어나야 하는데 다음 날 만조 시각은 약 50분 정도 늦어졌다. 그다음 날도 50분 정도 늦어졌다. 만조 시각은 매일 50분씩 늦어진다.

왜 만조 시간은 50분씩 늦어질까?

달이 매일 50분씩 동쪽으로 이동하는 것과 관련이 있다. 대천항이 달 쪽에 있으면 만조가 된다. 달이 높이 떠 있으면 만조이다. 다음 날 지구가 한 바퀴 자전하고 대천항이 다시 달 쪽을 향해 있으면 같은 시각에 만조가 일어나야 하지만 그동안 달은 지구 자전 방향인 동쪽으로 약간 이동했다. 달이 지구 둘레를 공전하기 때문이다.

대천항이 다시 달을 향하려면 지구가 50분 정도 더 자전해야 한다.

그래서 만조 시간은 하루에 50분씩 늦어진다.

대략 계산을 해보자.

달은 한 달에 한 번 지구 둘레를 공전하므로 360°을 30으로 나누면 하루에 약 12° 지구 둘레를 공전한다. 대천항이 한 바퀴 도는 동안 달이 12° 지구 자전 방향으로 이동해 버렸으므로 대천항이 달을 향하려면 12° 더 자전해야 한다.

지구는 24시간에 360°를 자전하므로 1시간에 15° 자전하고 1° 자전하는 데 4분 걸린다. 그러면 12° 자전하는 데 48분 걸린다. 이렇게 단순하게 계산하면 만조 시간은 하루에 48분씩, 약 50분씩 늦어진다.

그리고 바닷물은 달 쪽과 달의 반대쪽이 불어나므로 대천항이 달을 향해 있을 때도 만조이지만 지구 자전으로 12시간 정도 지나 달의 반대쪽으로 가도 만조가 된다. 다음 날 만조가 일어나기 전에 중간에 한 번 만조가 더 일어난다. 하루에 50분씩 만조 시간이 늦어지므로 대략 12시간 25분 후에 다시 만조가 된다(《그림 4-11》 참조).

그래서 조석주기는 12시간 25분이고 하루에 만조는 2번씩 일어난다.

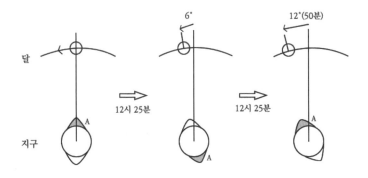

| 그림 4-11. A에서 12시간 25분마다 만조가 일어나고, 하루에는 50분 만조가 늦어진다

만약 서해안에 갔는데 물때를 모른다고 치자. 이때 음력 날짜를 알면 대략 만조 시간을 알 수 있다. 〈표 4-1〉을 보면 2월 8일은 음력 15일다. 보름달은 태양 반대편에 있는 달이므로 밤 12시에 가장 높게 뜬다. 달이 높게 떠 있다면 그때가 만조이다. 따라서 이날은 밤 12시에 만조가 된다. 그런데 물때표를 보면 이날 실제 만조 시간은 2시 17분이다. 물이 이동하는 데 한두 시간 걸리기 때문이다. 달의 위치를 보면 물때를 어느 정도 예측할 수 있다.

다음은 어느 어촌 마을의 갯벌 체험 행사 안내문이다.

바지락은 넉넉해서 초보자가 와도 잠깐 동안 바구니 가득 잡아갈 수 있습니다. 관광객들은 호미와 담아갈 그릇만 있으면 됩니다. 우리 마을 갯벌은 부드러우면서도 그다지 깊게 빠지지 않아 불편 없이 움직임이 자유롭습니다. 바지락 잡이는 바닷물이 빠지고 갯벌이 드러나는 때면 언제든 가능하지만, 물길 열리는 시간이 매일 다르므로 체험 가능 시간을 확인하고 오셔야 합니다.

물때를 확인하고 조개 잡으러 갑시다. 물때는 매일 다릅니다. ■

〈한마디 더〉

―하루에 한 번만 일어나는 만조

밀물, 썰물 주기인 조석주기는 12시간 25분으로 하루에 보통 두 번의 만조가 일어나지만 지역에 따라 하루에 한 번 만조가 일어나는 곳도 있다.

또한 하루에 두 번 일어나는 만조도 두 만조 때 물의 높이가 심하게 다른 곳도 있다.

달의 공전 궤도가 기울어져 있어서 달은 적도 상공에 있을 때도 있지만 적도 위, 아래로 오르락내리락 한다.

〈그림 4-12〉의 왼쪽처럼 달이 적도 상공에 있을 때는 조석주기가 정확히 12시간 25분이 되고 만조는 하루에 두 번씩 일어난다. 만조 때 물의 높이도 같다.

| 그림 4-12

하지만 〈그림 4-12〉의 오른쪽처럼 달이 적도 위에 있을 때는 지역에 따라 조석주기가 달라진다. 그림의 B에서는 보통처럼 하루에 두 번 만조가 일어나지만 A에서는 하루에 한 번만 만조가 일어난다. A는 현재는 만조지만 12시간 후에 간조가 된다.

B는 만조 때마다 들어오는 물의 양도 다르다. B가 달 쪽에 있을 때 만조는 물의 높이가 높지만 12시간 후의 만조는 물의 높이가 낮아진다.

4. 갈릴레이와 밀물, 썰물

■
지구가 안 움직일 때입니다.

낮과 밤이 왜 생기지? 태양이 떠 있는 하늘이 돈다고 생각하면 간단하지요. 엉터리라고 누구를 탓할 수 없습니다. 거기까지가 한계니까요.

밀물과 썰물은 왜 생기지? 아리스토텔레스가 말했습니다. 신의 뜻이라고. 신이 기적을 일으켜 바닷물이 자연스럽게 움직이고 있다고. 그를 탓하면 안 됩니다. 그게 당시의 과학입니다.

세월이 흐른 후 어떤 이는 밀물과 썰물이 달과 관련이 있다는 것을 눈치챘습니다. 달과 연관을 시킵니다. 그러나 만유인력이라는 말이 없을 때입니다. 그래서 얘기합니다. 달빛을 받아 바닷물이 불어났어라고. 달 쪽의 바닷물이 불어나니 그럴듯합니다.

자 그럼 우리가 아는 좀 똑똑한 갈릴레이는 뭐라고 했을까요?

갈릴레이는 뉴턴이 태어난 해에 죽었으니 밀물, 썰물은 달의 인력 때문이라고 말할 처지가 아니었습니다. 다행스럽게도 코페르니쿠스가 지구가 움직인다고 한 얘기는 알고 있었습니다. 그리고 목성의 위성이 목성을 돌고 있는 것을 망원경으로 확인하고 지구도 태양 둘레를 돌 것이라는, 죽임을 당할 지도 모를 생각을 갖고 있었습니다.

갈릴레이는 생각합니다.

그릇의 물이 왔다 갔다 하려면 물을 담고 있는 그릇이 왔다 갔다 해야 한다.

지구도 바다 바닥이 왔다 갔다 하기 때문에 밀물, 썰물이 일어난다고 주장했습니다. 신의 뜻을 거역한 것이지요.

지표면이 왔다 갔다 할 수 있나요?

지구가 자전하거나 공전한다 할지라도 지구가 한 방향으로만 움직인다면 밀물, 썰물이 일어나지 않습니다. 그러나 갈릴레이는 해결했습니다.

〈그림 4-13〉을 보십시오. 지구는 반시계 방향으로 자전하면서 반시계 방향으로 공전하고 있습니다.

지구상의 A지점은 자전 방향과 공전 방향이 같아서 반시계 방향으로 빠르게 움직이고 있습니다. 공전속도에 자전속도까지 더해진 속도로 움직이고 있습니다.

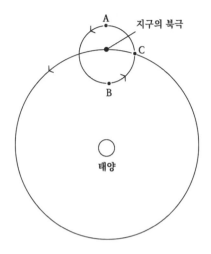

지구의 북극

태양

| 그림 4-13

　그런데 시간이 지나 A지점이 B로 오게 되면 자전 방향과 공전 방향이 다릅니다. 공전속도에서 자전속도를 뺀 속도로 움직이고 있습니다. 물론 공전속도가 워낙 커서 움직이는 방향은 공전 방향입니다.

　어쨌든 지표의 움직이는 속도가 변한 것입니다. 지구상 어디에서도 움직이는 속도가 같지 않습니다. 움직이는 속도가 변하므로 바닷물이 출렁댈 수 있고 그래서 밀물, 썰물이 일어난다고 했습니다.

　C에서 A로 갈수록 지표가 움직이는 속도가 커지므로 C에서 밀물이면 A에서는 썰물이라고 생각했습니다. 지구는 가만히 있지 않고 움직인다고 알고 있는 갈릴레이다운 기발한 생각이

라고 할 수 있습니다.

 달의 인력이라고 얘기하면 해결될 것을 그렇게 복잡하게 생각하다니, 그것도 몰랐다니,라고 갈릴레이를 우습게 여기면 안 됩니다. 뉴턴 전 시대에 나온 최고로 합리적인 생각이라고 할 수 있습니다.

 우리는 우리가 알고 있는 대로 믿고 사는 것입니다. 곧 엉터리라고 밝혀지더라도.

 위대한 과학자, 갈릴레이도 그랬습니다. ■

5. 지구 바보

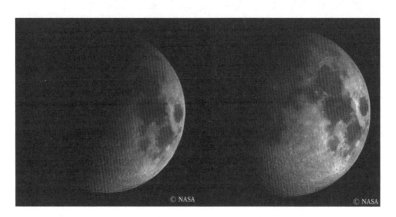

| 그림 4-14. 달의 위상이 변해도 보이는 면은 항상 같다

딸 바보 아빠가 있다. 딸이 예뻐서 죽고 못 사는 아빠다. 오죽 하면 딸 앞에서는 바보가 되겠는가? 딸이 너무 예뻐서 한시도 딸에게 눈을 뗄 수가 없다.

딸 바보도 있지만 지구 바보도 있다. 지구만 바라본다.

딸 바보 아빠가 딸만 쳐다보면 딸은 아빠의 뒷모습을 볼 수 없 듯이 지구 바보가 지구만 쳐다보고 있어서 지구도 지구 바보의 뒷모습을 볼 수 없다.

누가 이렇게 지구를 애지중지할까? 달이다.

달은 한눈팔지 않는다. 늘 지구를 쳐다보고 있다. 늘 같은 면만 보여 준다. 지구는 달의 뒷모습을 볼 수 없다.

달에 관해 조금만 아는 사람들도 얘기한다. 달은 늘 같은 면만 보인다며? 그래서 달의 옥토끼가 늘 보인다며? 달의 뒷모습을 볼 수 없다며?

조금 더 아는 사람은 덧붙인다. 달의 공전주기와 자전주기가 같아서 그렇다며?

옳은 말이다. 여기저기서 주워들은 내용이다. 그런데 자전주기가 있다는 것은 달이 자전을 한다는 것이고 자전을 하면 달의 뒷모습이 보여야 맞는 것이 아닌가? 오히려 자전을 하지 말아야 언제나 앞모습만 보이는 것이 아닌가?

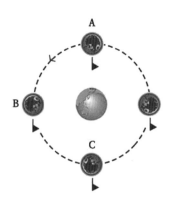

| 그림 4-15. 자전 안 하는 달

먼저 자전을 하지 않는 달을 생각해 보자.

〈그림 4-15〉은 자전은 하지 않으면서 지구 둘레를 공전하는 달을 나타낸다. A의 달에 깃발이 꽂힌 면이 우리가 늘 보는 달의 앞면이다.

달이 90° 공전하면 B로 간다. 자전을 하지 않았으므로 깃발은 그대로 아래를 향한다. 반 바퀴 공전하여 C로 가도 깃발은 아래를 향하고 있다. 깃발은 지구 반대쪽을 향하고 있어서 깃발이 있는 달의 앞면은 지구에서 볼 수 없다. 오히려 평소에 안 보이던 달의 뒷면이 보인다.

이처럼 달이 자전을 하지 않으면서 지구를 공전하면 달은 자기의 앞, 뒤 모든 면을 보여 준다.

그러면 자전주기와 공전주기가 같은 달을 생각해 보자.

〈그림4-16〉에서도 깃발이 있는 면이 우리가 늘 보는 달의 앞면이다. A의 달이 90° 공전하여 B로 갔을 때 공전주기와 자전주기가 같으므로 자전도 90°해야 한다. 자전을 90°하면 깃발이 다시 지구를 향하게 된다. B에서 다시 90° 공전하여 C로 갔을 때 자전도 90°하므로 깃발은 그림에서 보듯이 다시 지구를 향하게 된다.

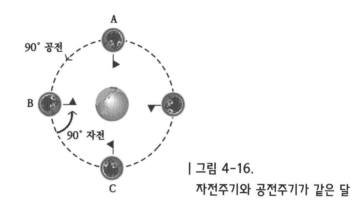

| 그림 4-16.
자전주기와 공전주기가 같은 달

결국 달의 앞면은 언제나 지구를 향하게 되고 지구는 달의 뒷
모습을 볼 수 없게 된다. 달은 지구를 공전하면서 공전한 만큼
고개를 돌려 계속 지구를 쳐다본다.

그야말로 지구를 향한 일편단심이다.

결국 달의 공전주기와 자전주기가 같기 때문에 달은 늘 같은
면만 보인다.

그런데 자전주기와 공전주기가 같다는 것이 우연이라기에는
너무 심하다.

그럴 수밖에 없는 이유가 있지 않을까?

이때 기조력이 등장한다. 밀물, 썰물을 일으키는 힘이 기조력
이다.

달의 기조력으로 지구의 바닷물은 양쪽으로 불어나듯이 달도

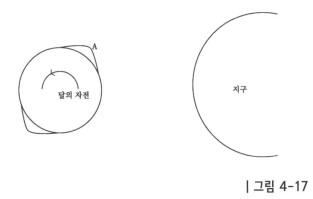

| 그림 4-17

지구의 기조력을 받아 물은 없어도 지구 쪽과 지구 반대쪽의 지표면이 늘어난다. 그런데 불어나는 데 한두 시간 걸리므로 실제로 불어난 곳은 지구 쪽이 아니라 〈그림 4-17〉처럼 달의 자전 방향으로 약간 더 돌아가 있다. 지구와 일직선이 아니다.

그러면 불어난 곳 A를 지구가 잡아당기면서 달의 자전을 방해하기 때문에 달의 자전속도는 점점 늦어진다. 자전속도가 줄어들면서 한 바퀴 자전하는 데 걸리는 시간인 자전주기는 점점 길어진다. 달의 자전주기가 길어지다가 달의 공전주기와 같게 되면 달은 항상 지구를 향하게 되고 불어나는 곳도 지구를 향해 고정되므로 더 이상 자전주기는 길어지지 않는다.

결국 자전주기와 공전주기가 같은 상태가 지속되면서 계속 달의 한쪽 면이 지구를 향하게 된다. 말하자면 〈그림 4-17〉의 A 부분이 지구를 향해 일직선이 될 때까지 지구 쪽으로 돌아간다. 일직선이 되었을 때는 달의 공전주기와 자전주기가 같을 때이다. 그 상태가 되면 A는 더 돌아가지 않고 항상 지구를 향하게 된다.

달의 자전주기와 공전주기가 같은 것은 우연이 아니라 필연인 것이다. 지구가 강제적으로 필연으로 만들었다. 지구가 달이 항상 자기만을 바라보게 만들었다. 지구가 두 팔을 뻗어 달을 잡고 돌리는 것과 같다. 달의 한쪽 면만 지구를 향할 수밖에 없다. 두 팔은 지구의 기조력이다.

딸이 아빠를 딸 바보로 만들듯이 지구가 달을 지구 바보로 만들었다.

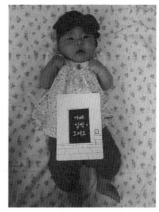

딸 바보인 동료 선생님이 딸과 사랑스럽게 통화하는 것을 보고 어느 선생님이 한마디 한다.

우리 남편도 딸 바보에요. 자기 딸을 바보로 알아요. 그런 딸 바보도 있나? 농담이겠지.■■

| 그림 4-18. 이 세상의 아빠는 누구나 바보가 된다

6. 달의 뒷면

달은 항상 같은 면만 보인다. 언제나 토끼가 떡방아를 찧고 있다.

그래서 항상 보이는 면을 앞면이라고 하고 보이지 않는 면을 뒷면이라고 한다.

뒷면이라는 말 때문인지 달의 뒷면은 항상 밤이고 앞면은 항상 낮이라고 생각하기 쉽다.

지구 입장에서 앞뒷면이지 태양에서는 달의 모든 면을 볼 수 있다.

〈그림 4-19〉에서 A→B→C 기간은 달의 앞면이 낮이고 C→D→A 기간은 뒷면이 낮이다.

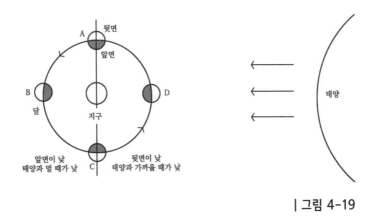

| 그림 4-19

태양은 15일간은 앞면을 비추고 15일간은 뒷면을 비춘다.

달의 앞면이나 뒷면은 15일간 낮이 지속되고 15일간 밤이 지속된다.

낮이 15일간 지속되므로 밤낮의 온도차가 매우 크다. 달의 뒷면은 〈그림 4-19〉의 D처럼 태양과 가까울 때가 낮이라 밤, 낮의 온도차가 더 심하다.

달에 가서 살려면 앞면이 좋다. 달의 앞면은 밤에 지구 빛도 받을 수 있다.

달의 뒷면은 지구에서 봐서 앞, 뒷면이지 앞면과 크게 다르겠는가?

보이지 않아서 궁금할 뿐이다.

몇십억 년을 지구 옆에 있던 달이 자기 뒷모습을 보여 준 것은 60년밖에 안 된다. 1959년 구소련의 무인탐사선인 루나 3호가 보내온 사진이 인류가 최초로 본 달 뒷모습이었다.

직접 달을 본 최초의 인류는 1968년 아폴로 8호의 승무원들이었다. 그들은 달 궤도를 선회하면서 뒷모습을 보고 돌아왔다.

사진으로 보나 직접 보나 달의 뒷면이 뭔가 달랐으면 난리법석이었을 텐데 그놈이 그놈이었다.

| 그림 4-20

달에 외계인이 살고 있다. 나치 잔당들이 그들이 개발한 로켓을 타고 달로 도주했다. 구소련이 핵무기 개발을 하고 있다. 그동안 보이지 않는 뒷면에 대한 무성했던 말들이 아니면 말고가 되었다.

다만 뒷면의 지형은 앞면과는 다르다는 사실이 밝혀졌다.

달의 앞면은 달의 바다라고 불리는, 어둡게 보이는 곳이 많아서 토끼 모양으로 보이는 부분도 있지만 뒷면은 바다가 없다. 전체가 밝은 색이다. 달의 바다는 검은색의 현무암질 용암이 낮은 곳으로 흘러들어가 생긴 곳이다(그림 4-20).

달의 뒷면에 바다가 없다는 것은 화산 활동이 없어서 용암이 흘러들어 가는 일이 없었다는 것을 의미한다.

용암이 분출되기 어려울 정도로 달의 뒷면은 앞면보다 지각이 두껍다고 한다.

뒷면의 지각은 왜 더 두꺼운가?

운석 충돌로 생긴 열 때문에 초창기의 지구와 달은 마그마 상태였다. 시간이 지나면서 식을 때 달의 뒷면은 더 빠르게 식었다. 달의 앞면이 지구에서 열을 받고 있었기 때문이다.

초기에는 지금보다 달과 지구의 거리가 더 가까워서 지구에서 나오는 열을 받을 수 있었다. 달이 식으면 하얀색 광물인 사장석을 포함한 지각 물질이 먼저 생긴다. 먼저 식어가는 뒷면에서는 이 지각 물질이 계속 생기면서 지각이 두꺼워졌다고 한다.

초창기의 달에 커다란 천체가 충돌하였고 그때 파편이 달의 뒤쪽으로 가라앉아 지각이 더 두꺼워졌다는 얘기도 있다.

인류는 직접 달 뒤에 가봤을까?

아직 아니다.

탐사선을 달 뒤로 보낸 적은 있다.

2019년 1월이었고 주인공은 중국의 달 탐사선 창어 4호였다.

중국은 달의 앞면과 뒷면 모두 탐사선을 착륙시킨 최초의 국가가 되었다.

달 뒷면의 탐사는 앞면과 다르게 어려움이 있다. 우주선이 달의 뒷면으로 가는 순간 지구가 보이지 않아서 지구와 통신을 할 수 없다. 우주선은 무선통신으로 지상 관제소의 조정을 받는다. 통신 두절은 그야말로 미아 신세가 된다.

통신 문제를 해결하기 위해 중국은 미리 오작교라는 이름의 위성을 달 뒤편에 띄웠다. 이 위성에서는 달의 뒷면과 지구를 모두 볼 수 있다. 지구에서 오는 신호를 받아 달 뒤편의 창어 4호로 전달해 주는 중계소 역할을 한다.

까마귀와 까치가 세운 오작교에서 견우와 직녀가 만나듯이 오작교라는 위성이 지구와 창호 4호를 만나게 해 주었다.

중국 설화에서 불로초를 몰래 먹고 달로 쫓겨 간 달의 여신이 상아嫦娥인데 상아의 중국어 발음이 창어이다.

창어가 창어 4호를 반겨줄까? ▪▪

7. 하루가 점점 길어지고 있다

1년 같은 하루도 있고 순식간에 지나가는 하루도 있다. 같은 하루지만 토요일, 일요일의 하루는 더 짧다.

그런데 아주 오랜 과거에는 실제로 하루가 지금보다 매우 짧았다고 한다. 지구의 자전속도가 지금보다 커서 태양이 더 빠르게 떴다 졌다.

현재 1년은 365일이다. 1년이라는 시간에 해가 365번 떴다 진다.

과거의 1년의 날 수는 현재처럼 365일이 아니라 더 많았던 것으로 밝혀졌다. 과거에도 1년의 길이는 같았는데 1년의 날 수가 많았다는 것은 하루의 길이가 지금보다 더 짧았다는 것이다.

그러면 과거의 1년 날 수를 알아내는 방법을 알아보자.

나무는 여름과 겨울에 성장속도가 다르다. 여름에 자란 두께와 겨울에 자란 두께가 달라서 나이를 알 수 있는 선이 생기는데 바로 나이테이다. 겨울이나 여름에 자란 선을 세어보면 나이를 알 수 있다.

산호 화석에도 나무처럼 나이테가 있다. 산호도 여름과 겨울에 성장속도가 달라 나이테가 생긴다.

그런데 산호는 나무보다 예민해서 낮과 밤에도 성장속도가 달라 하루에 하나씩 미세하게 성장선이 생긴다. 나이테가 아니라 날테라고 할 수 있다. 한 나이테 안에 날테의 수를 세면 1년이 며칠인가도 알 수 있다.

4억 년 전의 산호에는 날테가 1년에 400개, 3억 년 전에는 390개가 있었다고 한다. 일 년의 날수가 점점 줄어들었다. 1년의 날수가 줄어든다는 것은 하루가 길어지고 있다는 것이다.

무엇이 하루의 길이를 길어지게 했을까?

밀물, 썰물로 바닷물은 들어오고 나간다. 들어오고 나가는 속도가 지구의 자전속도보다 늦어서 바닷물의 흐름이 지구 자전을 방해한다. 그래서 지구의 자전속도가 늦어진다. 지구는 하루에 1회 자전하니 자전을 천천히 하면 하루가 길어진다.

또한 달의 인력 때문에 달 쪽의 바닷물이 불어난다. 그런데 불

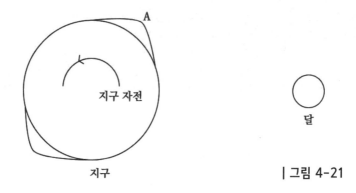

| 그림 4-21

어나는 데 한두 시간 걸리므로 실제로 불어난 곳은 달 쪽이 아니라 〈그림 4-21〉처럼 지구 자전 방향으로 약간 더 돌아가 있다. 그림의 불어난 바닷물 A를 달이 잡아당기면서 지구의 자전을 방해하기 때문에 지구의 자전속도는 늦어지고 하루의 길이는 길어진다.

위의 두 가지 이유로 하루의 길이가 길어진다. 결국 하루가 길어지는 원인은 달 때문이다.

달은 지구의 하루 길이를 길어지게 하지만 그 대가로 자신은 지구에서 점점 멀어진다.

지구와 달은 떨어져 있어도 한 몸으로 회전하고 있는 것과 같다. 지구가 몸통이면 달은 팔에 해당한다.

한 몸의 회전량은 외부에서 방해하지 않는 한 일정하게 보전된

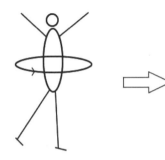

회전량 100
몸통 회전량+팔, 다리 회전량
40   60

회전량 100
몸통 회전량+팔, 다리 회전량
80   20

몸통의 회전량은 작고
팔과 다리의 회전량은 크다

팔과 다리의 회전량은 작아지고,
몸통의 회전량이 커진다
―몸의 회전속도가 빨라진다

| 그림 4-22

다. 한 몸에서 몸통의 회전이 늦어지면 팔의 회전량은 커진다.

하루가 길어졌다는 것은 지구의 자전속도가 작아진 것을 의미한다. 지구의 회전량이 작아진 것이다. 지구의 회전량이 작아지면 회전량을 유지하기 위해 달의 회전량은 커진다. 달은 회전량을 키우기 위해 지구에서 멀어진다. 중심에서 거리가 멀수록 회전량이 커지기 때문이다.

〈그림 4-22〉처럼 피겨스케이팅 선수는 팔을 뻗고 회전하다가 팔을 움츠리면 더 빠르게 회전할 수 있다.

팔을 움츠리면 팔의 회전량은 줄어들지만 줄어든 회전량만큼 몸통의 회전량이 늘어나기 때문이다.

  거꾸로 회전속도를 늦추고 싶으면 움츠린 팔을 뻗으면 된다. 위의 그림에서 화살표가 반대 방향이다.

  피겨스케이팅 선수의 몸통을 지구, 팔을 달이라고 생각하면 현재는 피겨스케이팅 선수가 팔을 뻗어서 자기의 회전속도를 늦추고 있는 것과 같다.

  정확히는 몸통의 회전속도가 늦어져서 팔이 펼쳐지는 상황이다.

  회전하고 있는 선수가 마지막에 인사를 할 때는 회전을 늦추기 위해 팔을 펼치면서 안정적인 자세로 인사를 한다. ■■

〈한마디 더〉

산이 없었다면? 산에 못가지.

달이 없었다면? 인류의 달 정복은 없었겠지.

맞는 말이다. 그래도 쓸 만한 대답 몇 가지를 알아보자.

밀물, 썰물이 없어서 갯벌이 없었을 것이다.

갯벌은 육지와 바다의 경계이다. 그 옛날에는 바다에만 생물들이 살았다. 얕은 바다에 살던 생물이 썰물 때 육지에 노출되어 허덕이다가 밀물이 되면 살아난다. 또 썰물이 되면 허덕이다가 밀물 때 또 살아난다. 이런 일이 반복되면 썰물 때 육지에 노출되더라도 적응되어 아예 육지로 나와서 살게 된다. 육상 생물의 출현은 갯벌 덕분이다. 갯벌이 없었더라면 바다에서 편안하게 살던 생물들이 험난한 육지를 만났을 때 바로 바다로 돌아가지 육지로 나올 일은 없었을 것이다.

달 때문에 하루의 길이가 길어졌다. 달의 인력이 지구의 자전을 방해하기 때문이다. 바로 앞에서 자세하게 설명했다. 달이 없었다면 하루의 길이는 길어지지 않았을 것이다. 하루의 길이가 100만 년에 15초씩 늘어난다고 한다. 지구의 나이는 46억 년인데 이 시간 동안 늘어난 길이는 18시간이다. 그렇다면 초창기의 지구는 하루가 6시간이었다. 지구가 6시간에 한 바퀴 도니 자전속도가 매우 크다. 그러면 지표면의 회전속도가 커서 그 위의 공기도 흐름이 빨라질 수밖에 없다. 바람이 세진 것이다. 매일 태풍이 분다고 생각해 보자. 생명체가 살기에는 너무 모진 환경이다.

또한 하루가 6시간이면 낮이 3시간이고 밤이 3시간이다. 온도 변화가 심하다. 생명체들이 적응하기 힘들다.

달이 없었다면? 인류의 달 정복은 없었을 것이다. 달이 없어서가 아니라 인류가 없었을 테니까.

8. 칭동

■ 달은 늘 같은 면만 보인다. 달의 뒷모습을 볼 수 없다. 뒷모습이 궁금하다.

궁금해 하는 것을 아는지 달은 자기의 뒷모습을 약간씩 보여준다.

달의 인심으로 달 표면의 59%를 볼 수 있다.

뒷면을 볼 수 있는 몇 가지 이유가 있다.

가장 큰 이유부터 알아보자.

달의 공전주기와 자전주기가 같기 때문에 달은 늘 같은 면만 보인다.

〈그림 4-23〉에서 깃발이 있는 면이 우리가 늘 보는 달의 앞면이다. A의 달이 90° 공전하여 B로 갔을 때 공전주기와 자전

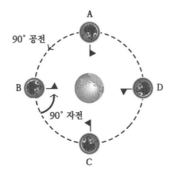

| 그림 4-23

주기가 같으므로 자전도 90°해야 한다. 자전을 90°하면 깃발이 다시 지구를 향하게 된다.

B에서 다시 90° 공전하여 C로 갔을 때 자전도 90°하므로 깃발은 그림에서 보듯이 다시 지구를 향하게 된다.

결국 달의 앞면은 언제나 지구를 향하게 되고 지구에서는 달의 뒷모습을 볼 수 없게 된다. 달은 지구를 공전하면서 공전한 만큼 고개를 돌려 계속 지구를 쳐다본다.

달의 표면 중 50%만 볼 수 있다.

위의 얘기는 달의 공전 궤도가 원일 때이다. 실제 달의 공전 궤도는 타원이다. 타원이면 사정이 달라진다.

타원 궤도에서는 달과 지구의 거리가 변한다. 거리가 변하면 달의 공전속도가 변한다.

가까울 때는 지구 중력이 커서 달의 공전속도가 커지고 멀면 공전속도가 작아진다.

달의 위치에 따라 공전속도가 달라지면 달은 공전한 만큼 고개를 돌리지 못한다. 위치에 따라 고개를 더 돌릴 때도 있고 덜 돌릴 때도 있다.

그래서 지구에서 보이는 달의 앞면도 약간씩 달라진다.

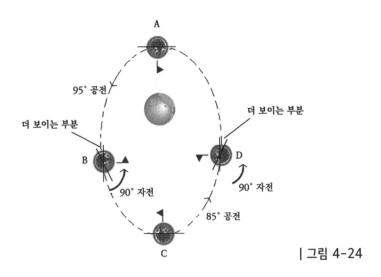

| 그림 4-24

그림을 통해 자세하게 알아보자.

〈그림 4-24〉는 타원을 공전하는 달을 나타낸다.

달이 90° 자전하는 시간은 언제나 같지만 A의 달은 지구와 가까워서 공전속도가 빠르다. 달이 90° 자전하는 동안 공전속도가 빠르니 95° 정도 공전한다. 달이 90° 위치를 지나 B로 갔다.

달이 B에 있으면 평소 보이지 않던 달의 오른쪽 끝이 더 보인다. 그림에서 더 보이는 부분이다.

C의 달은 지구와 멀어서 공전속도가 느리다. 달이 90° 자전하는 동안 공전속도가 느려 85° 정도만 공전한다. 90° 공전하여 달이 D의 위치를 지나쳐야 하지만 D밖에 못 갔다.

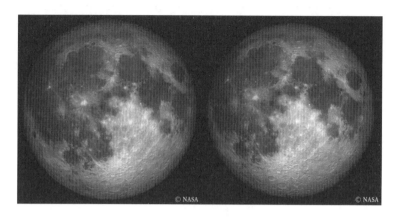

| 그림 4-25. 왼쪽과 오른쪽 두 보름달은 가장자리 부근이 같지 않다

달이 D에 있으면 평소 보이지 않던 달의 왼쪽 끝이 더 보인다.

달이 90° 자전하는 동안 달은 공전을 조금씩 더하거나 덜하면서 안 보이는 부분을 약간씩 더 보여 준다.

뒷모습을 보여 주는 또 다른 이유도 있다.

달은 지구의 적도를 오르내리면서도 자기의 뒷면을 조금씩 더 보여 준다.

달이 항상 지구의 적도 상공에 있는 것이 아니라 적도 위인 북반구에 있을 때도 있고 적도 아래인 남반구에 있을 때도 있다. 지구의 자전축이 기울어져 있기 때문에 계절에 따라 태양의 위치가 바뀌듯이 달의 위치도 바뀌기 때문이다.

달이 북쪽에 있을 때는 달이 적도에 있을 때 보다 달의 남쪽 끝 부분을 더 볼 수 있고 달이 남쪽에 있으면 달의 북쪽 끝 부분을 더 볼 수 있기 때문에 달의 절반 이상을 볼 수 있다.

또한 지구의 한쪽 끝에서 달을 보다가 지구 자전으로 12시간 후에 다른 쪽 끝에서 달을 보면 달을 보는 각도가 달라서 안 보이던 달의 끝부분을 조금씩 더 볼 수 있다.

달이 뜰 때는 떠오르는 쪽을 더 보게 되고 달이 질 때는 반대쪽을 더 보게 된다.

이처럼 달은 좌우로, 위아래로 자기 뒷모습을 살짝 보여 준다.

균형 잡힌 천칭저울이 약간씩 위아래로 움직이는 것과 비슷하다. 그래서 달의 뒷모습이 약간 보이는 현상을 칭동이라고 한다.

보름달은 같은 모양으로 보이지만 사실 보름달의 가장자리는 매번 다르다. 우리는 매번 다른 보름달을 보고 있는 것이다. 정확히 똑같은 보름달은 볼 수 없다(〈그림 4-25〉 참조).

달에 사람이 산다면 달의 앞면에 사는 사람은 항상 지구를 볼 수 있다. 뒷면에 사는 사람은 평생 지구를 볼 수 없다. 그러나 뒷면 가장자리에 사는 사람은 가끔 지구를 볼 수 있다. 달 표면의 59%의 지역에서는 지구를 볼 수 있다. ■

9. 세차운동

지구는 북극과 남극을 축으로 자전하고 있다.

지구의 북극과 남극을 연장한 선이 자전축이다. 북극에서 머리 위로 레이저를 쏘면 레이저가 북극성을 가리킨다. 지구가 자전하기 때문에 북극성을 중심으로 하늘에 있는 모든 별들이 돌고 있다. 북극성은 지구 자전에도 불구하고 고정되어 있기 때문에 북쪽으로 가려면 북극성을 따라 가면 된다.

하지만 북극성이 북극별의 역할을 계속하는 것은 아니다.

지구의 자전축이 지금은 북극성을 가리키지만 지구 자전축이 아래 그림처럼 원뿔 모양으로 회전을 하고 있어 자전축은 북극성에서 점점 멀어지게 된다. 북극성은 앞으로 1000년 정도만 북극별의 역할을 한다. 하긴 지금도 북극성은 북극에서 약 1° 정도 떨어져 있다.

지구 자전축이 회전하는 이유를 알아보자.

〈그림 4-26〉의 지구 모양처럼 지구는 적도 쪽이 부풀어 올라 있다. 지구상의 모든 점은 하루에 한 바퀴 자전하지만 적도가

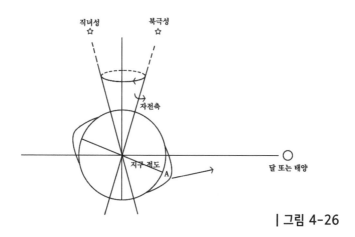

직녀성 ☆   북극성 ☆

자전축

지구 적도   A   달 또는 태양

| 그림 4-26

가장 큰 원을 돌기 때문에 자전속도는 적도에서 가장 크다. 자전속도가 커서 자전으로 생긴 원심력도 적도에서 가장 크게 되고 그 원심력 때문에 적도 부분이 부풀어 올라 있다. 이 부풀어 오른 곳에도 달이나 태양의 인력이 작용한다. 이 인력은 〈그림 4-26〉의 화살표 방향으로 작용되어 기울어진 지구의 자전축을 세우려고 한다.

하지만 자전하고 있는 지구에 이 힘이 작용하면 지구 자전축이 세워질 수도 있지만, 대신에 지구 자전속도가 빨라지거나 지구 자전축이 회전할 수도 있다.

물체를 잡아당기면 물체가 끌려 들어오지만 끌려 들어오지 않고 원운동을 할 수도 있는 것과 마찬가지이다.

결국 A에 작용하는 여분의 인력 때문에 지구 자전축이 회전하게 되었다.

기울어진 팽이를 지구가 잡아당기면 그 힘 때문에 팽이가 쓰러지지만 쓰러지는 대신에 팽이의 회전축이 회전을 하는 것도 같은 현상이다.

자전축이 회전하면 북극 위의 별들도 변하지만 적도 위에 있는 별들도 변한다.

태양의 위치도 변한다. 태양의 위치 변화는 계절에 영향을 준다.

천구상에 춘분점이라는 곳이 있다. 태양이 춘분점에 있을 때부터 햇빛이 적당히 들어오기 시작하여 봄이 시작된다.

그런데 지구 자전축의 회전으로 공간에 떠 있는 지구의 위치가 약간 틀어지면 봄이 시작되는 태양의 위치도 약간 변한다. 태양의 위치가 변해서 봄이 시작되는 춘분점의 위치가 변한다.

기원전 2세기경 그리스 천문학자 히파르코스는 자기가 관측한 별들의 위치가 기원전 4세기경에 관측된 자료와 비교했을 때 춘분점을 기준으로 약간씩 이동했다는 사실을 알았다. 별들과 태양은 그대로 있었지만 춘분점의 위치가 변했기 때문이다.

그의 관측에 의하면 150년에 걸쳐 별들이 2°씩 위치가 변하였다. 1°를 60등분하면 1′이고 1′을 60등분하면 1″이므로 1°는 3600″이다. 2°인 7200″를 150년으로 나누면 1년에 50″초씩 춘분점이 이동한다.

지구 자전축이 1년에 50″ 회전하면 한 바퀴 회전하는 데 26000년 걸린다. 360°를 50″로 나눈 값이다.

현재 자전축은 북극성을 향해 있지만 앞으로 14000년 후에는 직녀성을 향하게 된다. 그때는 직녀성이 지금의 북극성 역할을 하게 된다.

봄이 시작하는 춘분점에서 춘분점까지 태양이 이동하는 데 걸리는 시간이 계절 변화의 주기이면서 현재 우리가 사용하는 1년이다. 이 1년은 태양이 하늘에서 정확히 한 바퀴 도는 1년보다 약간 짧다. 춘분점이 이동하기 때문이다. 이 두 1년이 약간 차이 나는 현상을 세차歲差라고 한다. 그래서 지구 자전축이 회전하는 운동을 세차운동이라고 한다.

그 세차는 얼마일까?

지구가 태양 둘레를 50″ 공전하는 데 걸리는 시간이다.

지구는 365일에 360° 공전하므로 하루에 1° 공전한다. 1°는 3600″이므로 3600″를 24시간으로 나누면 150″이다. 지구는 한 시간에 150″ 공전하므로 50″ 공전하는 데 20분 걸린다.

세차운동의 세차는 20분이다. ▪■

〈한마디 더〉

—황도

　지구가 태양 둘레를 공전하기 때문에 가만히 있는 태양이 아래 그림처럼 하늘에서 일 년에 한 바퀴 돈다. 태양은 별들 사이를 하루에 1°씩 이동한다. 태양이 하늘에서 돌아가는 길이 황도이다. 지구의 공전 궤도면을 연장한 것과 같다. 그래서 황도는 지구의 공전 궤도면이다(그림 4-27).

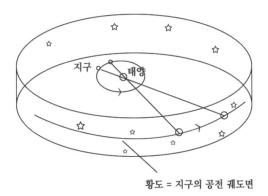

황도 = 지구의 공전 궤도면

| 그림 4-27

─춘분점

 지구의 적도를 하늘까지 연장한 것이 하늘의 적도이다. 지구의 공전 궤도면인 황도가 지구의 적도면과 23.5° 기울어져 있다. 〈그림 4-28〉처럼 황도와 적도는 23.5° 기울어져 있다. 그래서 태양은 적도에서 북쪽으로 23.5°까지 갔다가 다시 남쪽으로 23.5°까지 간다. 북으로 23.5° 올 때를 하지, 남으로 23.5° 올 때를 동지라고 한다. 계절 변화가 생긴다.

 태양이 남쪽에서 북으로 가면서 적도와 만나는 점이 춘분점이다.

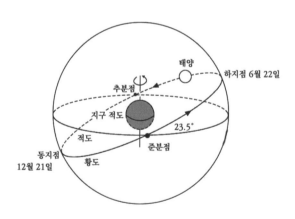

| 그림 4-28

─항성년과 회귀년

지구의 세차운동으로 자전축이 움직이면 자전축과 수직인 적도가 움직이므로 적도와 황도의 교점인 춘분점의 위치가 바뀐다. 〈그림 4-29〉처럼 황도는 변하지 않고 적도만 살짝 움직이면 춘분점은 1년에 50″씩 움직인다.

태양이 춘분점에 오면 지구의 가운데인 적도 부분으로 햇빛이 들어오면서 봄이 시작된다. 태양이 봄이 시작되는 춘분점에서 출발하여 다시 춘분점까지 오는 데 걸리는 시간

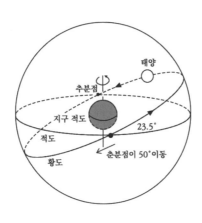

| 그림 4-29

이 계절 변화의 주기가 된다. 이 시간을 1회귀년이라 하고 365.2422일다. 1회귀년 동안 춘분점이 그림처럼 반시계 방향으로 50″ 이동했으므로 태양이 360° 공전하려면 50″ 더 돌아야한다. 이 50″까지 채운 1년을 1항성년이라고 한다. 정확히 태양이 360° 공전한 시간이다. 1항성년은 50″ 더 돌았으므로 1회귀년보다 약간 긴 365.2564일이다. 365.2564-365.2422=0.0142일. 0.0142일은 20분이다. 1항성년이 1회귀년보다 20분 더 길다.

우리는 1회귀년과 1항성년 중 어느 것을 1년으로 사용해야 할까? 당연히 계절 변화의 주기인 1회귀년이다.

—더 추운 겨울

 자전축이 기울어져 있기 때문에 계절 변화가 생긴다. 태양이 지구의 북반구와 남반구를 오르내리고 있기 때문이다.

 지구의 공전 궤도는 타원이라 지구와 태양과 거리가 변한다. 태양과 거리가 가장 가까울 때를 근일점, 가장 멀 때를 원일점이라고 한다. 지구가 원일점에 있으면 태양과 거리가 멀어서 겨울일 것 같지만 거리 변화는 계절 변화와 큰 상관이 없다. 오히려 북반구는 원일점에 있을 때가 여름이다. 〈그림 4-30〉의 왼쪽을 보면 지구가 원일점에 있을 때 태양이 북반구로 오게 되어 북반구가 태양 빛을 많이 받는다. 북반구가 여름이다.

 6개월이 지나 지구가 근일점으로 가면 태양이 남반구로 이동하여 남반구가 더 빛을 많이 받으므로 남반구가 여름이 되고

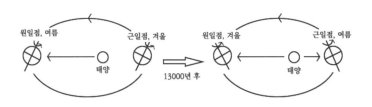

| 그림 4-30. 북반구에서 현재는 태양과 지구의 거리가 가까울 때가 겨울이지만 13000년 후에는 멀 때가 겨울이 되어 더 추운 겨울이 된다

북반구는 겨울이 된다. 북반구는 가까울 때가 겨울이라 그나마 덜 추운 겨울이다.

하지만 세월이 흘러 13000년이 지나면 세차운동으로 지구 자전축의 기울어진 방향이 바뀐다. 〈그림 4-30〉의 오른쪽이다. 자전축의 방향이 바뀐 바람에 북반구에서 원일점에 있을 때 겨울이 되므로 이 겨울은 더 추운 겨울이 된다.

V. 우리 곁의 달

1. 선암사 원통전에 있는 달

순천에 있는 선암사는 여러 번 가 본 절이다. 우연찮게 갈 기회가 많았다.

선암사에서는 놓치지 말고 꼭 봐야 하는 것이 있다. 절 앞 계곡에 있는 아치형의 다리이다. 그리고 그 다리 사이로 올려다 보이는 절 안의 2층 누각도 확인해야 한다. 이 다리를

| 그림 5-1

보는 것은 선암사 가는 사람의 의무이다. 해야 할 숙제이다.

그런데 선암사에서 해야 할 숙제가 하나 더 생겼다. 그동안은 몰랐으니 숙제가 아니었지만 이제 알았으니 숙제이다. 관세음보살을 모신 원통전 문 밑에 조각된 달 속의 토끼를 찾아보는 것이 숙제이다.

달에서 두 마리의 토끼가 방아를 찧고 있는 모양이다(그림 5-1). 불교에서는 달이 관세음보살을 의미한다고 한다. 달이 어둠을 밝혀 주듯이 중생을 보살피는 보살이 관세음보살이다.

토끼가 찧고 있는 것은 중생에게 나눠 줄 약이라고 한다.

달빛에서 느끼는 포근함, 그것이 관세음보살의 마음이 아닐까?

선암사에 숙제하러 가고 싶다. 즐거운 숙제다. ▪▪

〈한마디 더〉

—월인천강

월인천강月印千江은 한 개의 달이 뜨면 달이 천 개의 강에 인쇄되듯이 비친다는 뜻이다.

하늘에 달이 있으면 강에도 달이 뜨지 않는가? 내가 보고 있는 강에도 뜨지만 다른 강에도 뜬다. 다른 사람도 그 달을 본다. 달은 하나지만 달이 비치는 스크린은 천 개라는 뜻이다. 여기서 천 개는 매우 많다는 의미이다.

월인천강은 불교에서 나온 말이다. 달은 부처님의 말씀이고 천 개의 강은 중생들의 마음이다. 부처님의 말씀이 수많은 사람의 마음속에 남는다는 뜻이다. 세종대왕이 쓴 월인천강지곡도 월인천강에서 나온 말이다.

2. 메밀꽃 필 무렵

■ 선생님 고향이 봉평이지? 아니, 대화예요라고 했던 것 같기도 하고 고향이 대화지? 아니에요 봉평이에요라고 했던 것 같기도 하다.

봉평인지 대화인지 매번 헷갈린다.

그 선생님의 고향은 봉평 아니면 대화이다.

매번 같은 질문에도 선생님은 언제나 상냥하게 정정해 준다.

그럴 수 있다고 이해하는 것 같기도 하다.

굳이 구별할 필요가 없다는 표정이다.

왜 이렇게 헷갈리는 걸까?

봉평과 대화가 이효석의 단편소설 「메밀꽃 필 무렵」의 무대이기 때문이다.

달빛 속에서 장돌뱅이인 허 생원과 조 선달의 아련한 얘기가 이어지는 곳이다.

달빛과 어우러지는 하얀 메밀꽃이 없었다면 이 소설은 태어났을까?

한국 소설에서 가장 아름다운 대목을 읽어보자.

"달밤이었으나 어떻게 해서 그렇게 됐는지 지금 생각해두 도무지 알 수 없어."

허 생원은 오늘 밤도 또 그 이야기를 끄집어내려는 것이다. 조 선달은 친구가 된 이래 귀에 못이 박히도록 들어왔다. 그렇다고 싫증은 낼 수도 없었으나 허 생원은 시치미를 떼고 되풀이할 대로는 되풀이하고야 말았다.

"달밤에는 그런 이야기가 격에 맞거든."

조 선달 편을 바라는 보았으나 물론 미안해서가 아니라 달빛에 감동하여서였다.

이지러는 졌으나 보름을 갓 지난 달은 부드러운 빛을 흐뭇하게 흘리고 있다. 대화까지는 팔십 리의 밤길, 고개를 둘이나 넘고 개울을 하나 건너고 벌판과 산길을 걸어야 된다. 달은 지금 긴 산허리에 걸려 있다.

밤중을 지난 무렵인지 죽은 듯이 고요한 속에서 짐승 같은 달의 숨소리가 손에 잡힐 듯이 들리며, 콩 포기와 옥수수 잎새가 한층 달에 푸르게 젖었다.

산허리는 온통 메밀 밭이어서 피기 시작한 꽃이 소금을 뿌린 듯이 흐붓한 달빛에 숨이 막힐 지경이다.

붉은 대공이 향기같이 애잔하고 나귀들의 걸음도 시원하다.

길이 좁은 까닭에 세 사람은 나귀를 타고 외줄로 늘어섰다. 방울소리가 시원스럽게 딸랑딸랑 메밀 밭께로 흘러간다. 앞장 선 허 생원의 이야기 소리는 꽁무니에 선 동이에게는 확적히는 안 들렸으나, 그는 그대로 개운한 제멋에 적적하지는 않았다.

"장 선 꼭 이런 날 밤이었네. 객줏집 토방이란 무더워서 잠이 들어야지. 밤중은 돼서 혼자 일어나 개울가에 목욕하러 나갔지. 봉평은 지금이나 그제나 마찬가지지. 보이는 곳마다 메밀 밭이어서 개울가가 어디 없이 하얀 꽃이야. 돌 밭에 벗어도 좋을 것을, 달이 너무나 밝은 까닭에 옷을 벗으러 물방앗간으로 들어가지 않았나. 이상한 일도 많지. 거기서 난데없는 성 서방네 처녀와 마주쳤단 말이네. 봉평서야 제일가는 일색이었지─팔자에 있었나부지."

아무렴 하고 응답하면서 말머리를 아끼는 듯이 한참이나 담배를 빨 뿐이었다. 구수한 자줏빛 연기가 밤기운 속에 흘러서는 녹았다.

달빛에 감동해서 시작된 허 생원의 이야기는 달이 어지간히 기울어질 때까지 이어진다.

아름다운 문장에 숨이 막힐 지경이다.

고달픈 장돌뱅이의 삶과 사랑은 하얀 메밀꽃과 하얀 달빛으로 아름답게 채색된다.

달빛에 취하고 싶다.

봉평에서 대화로 밤길을 걷고 싶다.

메밀꽃이 피었을 때.

꼭 달빛이 있어야 한다. ■◼

3. 정읍사

보름달처럼 풍성한 한가위 되세요.

추석 때 주고받는 정겨운 인사말이다.

아래 문구는 어느 해 추석 때 내가 친구들에게 보낸 인사말인데 이 책을 읽는 독자들에게 또 보낸다.

평소에도 추석처럼 행복한 나날이 되기를 기원하면서.

> 달님이시여, 높이 높이 돋으시어
> 온사람들이 행복한 한가위가 되도록
> 멀리 멀리 비춰주소서.

그해 추석에 신문에서 본 광고를 보고 만든 문구이다(《그림 5-2》 참조).

백제 가사 〈정읍사〉에 나오는 문구이다.

정읍사는 행상을 나간 남편이 무사히 돌아올 수 있도록 달에게 기원하는 내용이다.

그늘에서 힘들게 살아가는 사람들이 달빛의 포근함을 느끼며 살아가는 그런 아름다운 세상이 되기를 기원하면서 현대어로 번역된 〈정읍사〉 노래를 불러보자.

달님이시여, 높이높이 돋으시어
아, 멀리멀리 비치시라.
어긔야 어강됴리
아으 다롱디리
시장에 가 계신가요.
아, 진 곳을 디딜까 두려워라.
어긔야 어강됴리
어느 것이나 다 놓아 버리십시오.
아, 내 임 가는 그 길 저물까 두려워라.
어긔야 어강됴리
아으 다롱디리

달빛이 어둠을 밝혀 주듯이 누군가의 달빛이 되고 싶다. ▪▪

| 그림 5-2. 2017년 9월 26일 한겨레신문 전면 광고

〈한마디 더〉

—달과 6펜스

달을 보고 소원을 빈다.

달을 하찮게 생각했으면 달에게 소원을 빌겠는가?

달을 보면 순수해진다. 어린이 마음으로 돌아간다.

속세의 욕망에서 벗어난다.

『달과 6펜스』라는 소설이 있다. 영국의 소설가 서머셋 몸의 작품이다.

달은 이상을 추구하는 삶이고 6펜스는 물질만을 추구하는 현실의 삶이다.

땅에 떨어진 6펜스만 찾다 보면 하늘에 있는 달을 보지 못한다.

12진법에서 5와 10에 해당하는 숫자가 6과 12이다. 12진법에서 6펜스는 5펜스와 같은 말이다.

꿈을 꾸며 살아갑시다. 달을 보며 삽시다. 달을 보고 가다 돌에 걸려 넘어지더라도.

4. 월량대표아적심

달은 인간을 유혹한다.
달은 인간을 그냥 놔두지 않는다.
인간은 달의 먹잇감이다.
동서고금을 가리지 않는다.
우리 선조들도 달에 당했다.

윤선도는 달을 친구로 생각했다.

작은 것이 높이 떠서 만물을 다 비추니
밤중의 광명이 너 만한 이 또 있느냐
보고도 말을 안 하니 내 벗인가 하노라

고려 시대 때 이규보의 시조는 색즉시공 공즉시색이 무엇인지
바로 알게 해 준다.

산중에 사는 스님이 달빛을 탐하여
병에 물을 담을 때 달도 함께 담았네.
하지만 절에 이르면 응당 깨닫게 되겠지
물을 쏟으면 달 또한 사라지게 된다는 것을

청풍명월 속의 자연인도 노래한다.

말없는 청산이요 태없는 유수로다
값없는 청풍이요 임자 없는 명월이라
이 중에 병 없는 이 몸이 분별없이 늙으리라

달 아래서 혼술 하는 사람이 읊은 노래도 있다.
이태백의 〈월하독작月下獨酌〉이다.

꽃나무 사이에서 한 병의 술을
홀로 따르네 아무도 없이.
잔 들고 밝은 달을 맞으니
그림자와 나와 달이 셋이 되었네.
달은 술 마실 줄을 모르고

그림자는 나를 따르기만 하네.

잠시나마 달과 그림자 함께 있으니

봄이 가기 전에 즐겨야 하지.

내가 노래하면 달은 거닐고

내가 춤추면 그림자도 따라 춤추네.

함께 즐거이 술을 마시고

취하면 각자 헤어지는 거.

무정한 교유를 길이 맺었으니

다음엔 저 은하에서 우리 만나세.

달에서 놀았던 이태백의 시 하나 더.

달빛 속에서 친구들과 술을 마셨으니 얼마나 취했겠는가?

천고의 시름 씻어보자고

연달아 백병의 술을 마신다.

이 좋은 밤, 이야기나 나누세

휘영청 밝은 달, 잠 잘 순 없어

취하여 빈 산에 누우니

하늘과 땅이 바로 내 이불, 내 베개로세

달 노래는 현대까지 이어져 영화 속에도 나온다.

〈월량대표아적심月亮代表我的心〉

13억 중국인의 심금을 울린 노래.

영화 〈첨밀밀〉에서 등려군이 부르는 노래.

나를 사랑하느냐고 묻는 연인에게 달을 보라 한다.

꼭 대답을 해야 아느냐라는 뜻이다.

당신은 내게 당신을 얼마나 사랑하는가 물었죠.

내 사랑은 진실이고 내 감정도 진실이랍니다.

달빛이 내 마음을 대신하죠.

당신은 내게 당신을 얼마나 사랑하는가 물었죠.

내 감정은 변치 않고 내 사랑도 변치 않아요.

달빛이 내 마음을 대신하죠.

달콤한 입맞춤은 이미 내 맘을 움직였고

깊은 사랑은 내가 지금까지도 당신을 그리워하게 하네요.

당신은 내게 당신을 얼마나 사랑하는가 물었죠.

생각해 보세요, 한번 바라보세요.

달빛이 내 마음을 대신하죠.

달콤한 입맞춤은 이미 내 맘을 움직였고
깊은 사랑은 내가 지금까지도 당신을 그리워하게 하네요.

당신은 내게 당신을 얼마나 사랑하는가 물었죠.
생각해보세요 한번 바라보세요, 달빛이 내 마음을 대신하죠.
생각해보세요 한번 바라보세요, 달빛이 내 마음을 대신하죠.

얼마나 사랑하기에 달에게 하소연하나?
당신을 사랑합니다. 보고 싶어요. 달님, 내 마음을 아시죠?
내 마음을 전해 주세요.

섬진강 시인 김용택도 달에게 빌었다.

앞산에다 대고 큰 소리로,
이 세상에서 제일 큰 소리로
당신이 보고 싶다고 외칩니다.
그랬더니
둥근달이 떠올라 왔어요. ▪◾

5. 이슬람교와 초승달

크루아상이라고 들어 봤어?

아 그거요 초승달 모양의 빵 아니에요?

혹시나 해서 물어봤는데 신통하게도 내 앞의 여선생님은 그 빵을 알고 있다.

그거요 프랑스 가서 먹어봤어요. 그 빵의 유래도 가이드에게 들었다면서 얘기해 준다.

17세기 말 오스트리아가 오스만 튀르크 제국의 침공을 받았을 때 해뜨기 전부터 일하던 오스트리아 제빵사가 적의 기습을 알아채고 아군에게 알려 적군을 물리쳤다고 한다.

전쟁에서 승리한 것을 기념하기 위해 오스만 튀르크 제국의 국기에 그려진 초승달 모양의 빵을 만들었다. 초승달은 이슬람 국가인 오스만 튀르크 제국을 상징한다고 본 것이다.

그 빵이 나중에 프랑스로 전해졌는데 크루아상은 프랑스어로 초승달을 의미한다.

이슬람 국가에서 초승달은 큰 의미가 있다.

이슬람교를 창시한 마호메트가 알라에게 계시를 받던 날 밤에 초승달이 떠 있었으며 마호메트가 메카에 있다가 박해를 피해 근거지를 옮긴 622년 헤지라 때도 초승달이 떠 있었다고 한다.

이런 이유로 이슬람 국가들은 초승달을 중시하게 되었으며 이슬람 국가인 오스만 튀르크 제국의 국기에도 초승달이 들어가게 되었다. 오스만 튀르크 제국의 세력이 커지면서 이슬람교를 믿는 나라도 많아졌고 그러면서 초승달은 이슬람교의 상징이 되었다.

오스만 튀르크 제국은 오늘날의 터키이다. 터키 국기에는 초승달이 그려져 있으며 대부분의 이슬람권 국가들의 국기에는 초승달이 들어가 있다. 한 나라의 상징을 나타내는 국기에 초승달이 들어간 것이다.

〈그림 5-3〉은 일부 이슬람권 국가들의 국기이다.

| 그림 5-3

국기 속의 달은 초승달을 의미하지만 모양상 그믐달로 그려진 국기도 많다. 오른쪽이 빛나든 왼쪽이 빛나든 크게 구분은 하지 않은 것 같다.

초승달은 이슬람 명절인 라마단과도 연관이 있다.

라마단 기간에 이슬람교 신도인 무슬림은 해가 떠 있는 낮 시간에 금식을 하며 경건하게 지낸다. 금식까지 하며 지내는데 라마단 시작 날짜를 확실하게 알아야 지킬 것이 아닌가?

달력이 없던 시대에 날짜 정하기에 달만큼 좋은 것도 없다. 자연스럽게 초승달이 뜰 때를 기준으로 라마단 기간이 정해졌을 것이다.

라마단은 9번째 달에 초승달이 뜨면서 시작되며 한 달간 지속된다.

달의 모양 변화주기인 삭망월은 29.5일이다. 29.5일이 12번 지난 354일 후에 다음 해 라마단이 다시 시작된다. 그래서 라마단 기간은 일정하지 않고 매년 11일씩 앞당겨지고 있다.

순전히 달의 모양 변화만을 기준으로 정한 달력이 태음력이다. 우리가 사용하는 음력은 1년이 354일인 태음력이 계절 변화주기와 맞지 않기 때문에 달을 기준으로 하면서도 계절에 맞게 보정한 달력인 태음태양력이다.

라마단 기간은 태음력을 기준으로 초기에 정해진 방식대로 오늘날까지 계속 이어지고 있다. 매년 날짜가 바뀌는 것이 불편하기도 하지만 그것은 태양력을 쓰는 사람의 입장이다.

음악 시간에 배운 셈여림표 중에 점점 세계를 크레셴도라고 한다. 영어로 초승달은 크레셴도와 어원이 같은 Crescent Moon이다. 프랑스어인 크루아상도 같은 어원이다. 초승달 모양이 점점 커지는 것을 표현한 것이다. 그믐달도 영어에서는 같은 Crescent Moon이다. 초승달과 따로 구분하지 않는다. 그믐달도 작아지는 것을 멈추고 곧 커지는 달이니 크게 구분하지 않았을 수도 있다.

초승달은 시작을 의미하고 그러면서 성장의 뜻을 가지고 있다. 계절로 치면 봄이다. 만물이 소생하는 봄이다. 돋아나는 새싹들은 머지않아 신록이 된다. 초승달은 누군가의 상징이 될 수밖에 없다.

이슬람권뿐만은 아니다. ■▪

6. 쥘 베른의 지구에서 달까지

1969년 7월 16일, 전 세계인이 지켜보는 가운데 케이프케네디 로켓 발사대에서 아폴로 11호가 달을 향해 발사되었고 인류는 최초로 달에 발자국을 찍었다. 1969년 7월 16일은 달 탐험 대장정의 역사적인 날로 기억된다.

이에 못지않은 날이 있다. 1865년 12월 1일이다.

이날도 케이프케네디 로켓 발사대에서 멀지 않은 곳에서 포탄 우주선이 달을 향해 발사되었다. 쥘 베른의 SF 소설인 『지구에서 달까지』에서 포탄 우주선이 발사된 날이다(그림 5-4).

아폴로 11호에는 암스트롱, 올드린, 콜린스가 타고 있었듯이 포탄 우주선에도 바비케인, 아르당, 니콜이 타고 있었다.

아폴로 11호는 NASA의 아폴로 계획으로 추진되었지만 포탄 우주선은 쥘 베른의 상상력으로 추진되었다.

거의 100년의 시간차가 나지만 쥘 베른의 상상력은 많은 부분에서 아폴로 계획에 그대로 적용되었다.

쥘 베른은 대포를 이용하여 포탄 우주선을 쏘아 올린다. 오늘

날은 로켓을 이용하여 우주선을 쏘아 올리지만 다를 바가 없다.

그들이 만든 대포는 길이가 300m, 두께가 2m에 달했다. 그래야 1만kg의 포탄을 12km/s에 달하는 초속도를 내게 할 수 있었고 그 정도 속도가 되어야 포탄이 지구 중력을 벗어날 수 있다고 생각했다.

대포가 너무 커서 지하로 300m의 갱도를 파고 가장 자리에 쇳물을 들이부어 대포를 주조했다. 대포는 땅속에 묻혀 있어서 발사대는 따로 필요 없다. 대포 밑 부분에서 터진 화약의 폭발력으로 우주선에 해당하는 포탄이 날아간다.

발사 장소나 발사 날짜를 정하는 방법도 오늘날과 같다.

지구 중력을 빨리 벗어나기 위해 포탄은 수직으로 쏘아 올린다. 발사 위치에 달은 수직 방향으로 있어야 한다.

만약 달이 지구 적도를 연장한 선에 있다면 적도의 사람은 머리 위에서 달을 볼

| 그림 5-4

수 있다. 달이 위도 10°를 연장한 선상에 있으면 위도 10°에 있는 사람은 그 달을 머리 위에서 볼 수 있다.

그런데 달은 위도를 오르락내리락하는데 위도 28°까지 올라올 수 있음으로 달을 수직선상에서 볼 수 있는 곳은 위도 28° 까지다. 위도 28°보다 고위도 지방에서는 달이 수직선상에 올 수 없기 때문에 그들이 생각한 발사 장소의 위치는 위도 28°보다 낮은 곳이었다.

미국에서 그 정도에 위치한 주는 플로리다주와 텍사스주 정도인데 두 지역이 경합하다가 결국 발사 장소는 플로리다주로 결정된다.

달이 머리 위에 있어야 하지만 한편으로는 지구와 거리가 가까울 때 발사하는 것이 좋다.

그래서 이 두 가지를 고려하여 그들이 발사로 정한 날짜는 1865년 12월 1일이다.

물론 달까지 이동 시간은 4일 걸리므로 발사 후 4일이 지났을 때 달은 머리 위에 있으면서, 지구와 가장 가까운 곳을 통과하게 되며 그때 포탄은 달에 도착한다.

달에 도착한다 해도 달과의 충돌로 포탄 우주선이 박살나는 문제를 해결하기 위해 로켓을 역분사해서 추락속도를 늦춘다는 내용이 나온다.

이것이야말로 쥘 베른의 최대 예언이다. 오늘날 우주 비행은 필요할 때마다 로켓의 분사나 역분사가 이용된다.

지구를 탈출하기 위해 큰 속도가 필요하지만 처음부터 우주선은 큰 속도로 발사되지 않는다. 우주 비행 중 필요할 때마다 로켓의 분사로 속도를 증가시켜 지구를 탈출한다.

착륙할 때는 가속되는 것을 막기 위해서 쥘 베른의 포탄 우주선과 마찬가지로 로켓의 역분사를 이용한다. 이런 발상의 첫 씨앗을 쥘 베른이 뿌렸다.

우주여행이 생명체에 미치는 영향을 조사하기 위해 동물을 대상으로 사전 실험하는 것도 오늘날과 같다. 아니 오늘날의 우주 탐사가 100년 전의 소설 속에서 힌트를 받았다.

포탄 속에 고양이와 다람쥐를 넣고 시험 발사를 한다. 포탄은 멋지게 포물선을 그리며 약 300m 상공에 도달한 뒤 우아한 곡선을 그리며 하강하여 물속으로 떨어졌다. 물에서 끄집어낸 포탄이 열리자마자 고양이가 밖으로 뛰쳐나왔다. 고양이는 원기 왕성했고 공중 탐험에서 방금 돌아온 징후는 전혀 보이지 않았다. 물론 같이 들어갔던 다람쥐는 고양이의 뱃속에 들어가 있었다.

포탄 우주선에 탑승한 3명의 우주인은 지구로 돌아온다는 기약 없이 달로 날아간다. 달에 사람이 있으면 그들과 어울려 살 작정을 하고 갔다. 없으면 없는 대로. 달은 생명체가 살 수 없는 곳일 수도 있는데 그래도 갈 것이냐라는 물음에 그들은 생명체가 있는지 없는지를 확인하기 위해서라도 달로 간다고 대답을 한다.

그들을 태운 포탄 우주선은 로키산맥에 있는 거대한 망원경에 포착된다. 포탄 우주선은 달 근처까지 갔지만 달의 인력을 받아 달 주위를 맴돌고 있었다.

이 우주선은 어찌 될 것인가?

달의 중력이 결국 포탄을 달 표면으로 끌어들여 여행자들의 목적이 달성될지 아니면 이 세상이 끝날 때까지 달 주위를 계속 맴돌면서 우리 태양계에 새로운 천체 하나를 보탤지.

결론을 내리지 않고 소설은 끝난다.

이후가 궁금하다. 궁금한 독자는 쥘 베른의 이어지는 소설 『달나라 탐험』을 읽어 봐야 한다.■▪

7. 쥘 베른의 달나라 탐험

쥘 베른의 소설 『달나라 탐험』은 『지구에서 달까지』의 속편으로 1869년에 발표되었다.

전편은 3명의 우주인을 태운 포탄이 달을 향해 발사된 후 달 주위를 맴돌고 있는 것으로 끝이 난다.

이어지는 소설은 포탄 캡슐 안의 3명의 우주인이 겪은 달나라 여행기이다.

부분적으로 비현실적이고 기묘한 내용도 있지만 달에 가본 적이 없는 사람은 입을 다물고 있자.

길이 300m의 대포에서 포탄이 공중으로 솟구쳐 올라가는 것으로 소설은 시작된다.

발사될 때 엄청난 충격이 있었지만 용수철과 포탄에 채워진 물이 쿠션 역할을 하면서 캡슐 안 3명의 우주인은 약간의 충격만 받았다. 방음 장치가 없었음에도 그들은 발사될 때 폭발 소리는 듣지 못했다. 아니 들을 수 없었다. 포탄이 소리속도보다 더 빠르게 날아갔기 때문이다.

포탄 안은 칠흑같이 어두웠지만 버너 속에 고압으로 저장된 탄화수소를 이용해 불을 밝혔다.

보름달을 향해 날아가는 포탄에서 본 지구는 초승달 모양으로 보였으며 시간이 흐르며 계속 작아지는 지구의 각지름을 측정하여 비행 거리를 알 수 있었다.

날아가는 동안 포탄은 지구 쪽에서 오는 햇빛으로 난방이 되어 따뜻했다. 만약 월식 때 지구를 출발했으면 그들은 지구 그림자 속에 있어 햇빛을 받지 못해 추위에 떨면서 여행을 했을 것이다.

밀폐된 캡슐 안에서 호흡에 필요한 산소는 염소산칼륨을 가열해 얻었으며 몸에서 배출된 이산화탄소는 가성알칼리가 흡수하여 실내 공기를 정화시켰다.

포탄이 안정적으로 비행하자 3명의 우주인이 달에 관해 나누는 이야기들이 이어진다.

달에 공기가 희박해도 골짜기에는 산소가 쌓여 있을 거야.

달의 중력이 지구의 1/6이라 달나라 사람은 지구인보다 키가 1/6 정도이고 우리는 소인국 여행을 간 걸리버가 되겠군.

달에서도 일식이 있어. 지구가 해를 가려서 해가 완전히 보이지 않는 개기일식이 되어야 하지만 지구의 대기 때문에 햇빛이 안쪽으로 굴절되어 달에서 보는 일식은 금환일식이야.

달의 앞면은 항상 지구를 향하고 있어. 그래서 달의 뒷면에 사는 사람은 평생 지구를 볼 수 없지. 달의 반쪽에서는 지구가 존재하지 않아. 이런 현상을 지구에 적용해 보면 달을 보지 못했던 유럽인이 오스트레일리아에 가면 얼마나 놀라겠어?

달은 30일에 한 번 자전하니 달에서 하루는 30일이야. 15일간 낮이고 15일간 밤이지. 15일간 낮이 지속되면 뜨거운 태양열을 받아 달나라 포도나무에서는 더욱 감칠맛 나는 포도주가 생산될 거야. 그래서 포도나무 묘목도 챙겨 두었어.

우리 뒤를 이어 포탄 우주선은 계속 달로 올 것이며 곧 지구와 달 사이에는 포탄 열차가 개설되겠지.

색다른 여행지로 날아가며 그들은 색다른 체험도 한다.

포탄 속에는 개 두 마리도 동승했는데 발사될 때 충격으로 그중 한 마리는 최초의 우주 탐사 순교자가 되었다. 죽은 개는 포탄 밖으로 내던져지는데 포탄을 계속 따라온다. 귀신처럼.

공기가 없는 우주 공간에서 방해하는 것이 없어서 창밖에서 계속 동행하고 있었다. 우주인도 우주복만 있으면 포탄 밖으로 나가서 포탄에 뒤처지지 않고 포탄과 같이 계속 갈 수 있다.

포탄 속에서 둥둥 떠다니면서 속임수를 쓰지 않고서도 공중부양 마술을 할 수도 있었다.

포탄은 지구 인력 때문에 속도가 계속 떨어지고 있었음에도 지구와 달의 인력이 같은 중립 지점을 통과하였다. 중립 지점을 통과한 후 포탄은 달의 인력을 받아 가속되면서 달을 향해 날아갔다.

그러나 포탄은 중간에 스쳐지나간 운석의 영향으로 예정된 궤도를 약간 벗어나는 바람에 달로 떨어지지 않고 달 주변을 계속 돌게 된다. 달을 맴돌면서 달의 위성이 된다.

달 가까이에서 티코산, 코페르니쿠스산, 뉴턴산, 맑음의 바다, 폭풍의 바다 등을 자세히 관찰하지만 마냥 달 주변만을 돌고 있을 수는 없지 않은가?

달에 착륙하기 위해서는 포탄속도를 늘려야만 한다. 할 수 없이 역추진 로켓을 이용한다. 역추진 로켓은 원래 포탄이 달에 착륙할 때 속도를 줄이기 위해 사용할 예정이었지만 이제는 정반대의 목적으로 사용하게 되었다.

로켓을 달을 향해 분사하지 않고 지구를 향해 분사하면 포탄 속도가 증가하여 포탄이 달로 떨어진다. 로켓과 연결된 도화선에 불을 붙이자마자 달을 맴돌던 포탄은 속도가 빨라지면서 떨어지고 있었다. 맙소사! 달 방향이 아니라 지구 방향으로.

달을 밟아보지도 못하고 지구로 돌아가게 되었다.

무시무시한 소리를 내며 눈부시게 빛나는 운석은 태평양에서 작업 중인 해군 탐사선의 돛대를 박살내고 파도 속으로 사라졌다. 눈앞에서 목격한 사람들은 그것이 며칠 전에 달을 향해 발사된 포탄이라는 데 어느 누구도 의심을 품지 않았다.

그들이 돌아왔다. 이 사실은 샌프란시스코에 이어서 미국 전역에 그리고 유럽과 전 세계로 알려졌다.

포탄 인양 작업은 쉽지가 않았다. 한시가 급한 상황이다. 그들을 구해야 한다.

아무 성과 없이 초조한 시간이 흐르는 가운데 부표 하나가 발견되었다. 심해에서 찾아 헤매던 포탄이 떠 있었다. 포탄 속에서 세 명의 우주인은 유유자적하게 도미노 게임을 하고 있었다.

당구대를 가져갔으면 당구를 치고 있었을 텐데. ▪▝

8. 마이클 콜린스의 플라이 투 더 문 I

요즘 운전을 하다 보면 우주선을 조종하는 기분이다.

고속도로를 달리고 있지만 공중으로 날아다니는 것 같다. 버튼 하나를 누르면 더 높은 공중으로 솟아오를 것 같다. 나는 베테랑 우주선 조종사이다. 어떤 상황이 닥쳐도 대처할 수 있다. 내가 조종하는 우주선은 달로 가고 있다.

달에 다녀 온 사람이 쓴 우주 비행에 관한 너무도 생생한 책을 읽고 나서 생긴 환상이다.

아폴로 11호의 사령선 조종사로서 인류 최초로 달에 다녀 온 마이클 콜린스 가 쓴 『플라이 투 더 문』이라는 책이다(그림 5-5).

한 사람이 우주 비행사의 꿈을 이루어 가는 과정과 우주선을 달로 보내는 과정을 다큐멘터리처럼 기록한 책이다. 달 탐사 매뉴얼이라고도 할 수 있다.

이 책만 있으면 나도 우주 비행사가 될 수 있고 달에 갈 수 있을 것 같은 생각이 들 정도다.

이 책의 하이라이트인 아폴로 11호가 우주 기지에서 발사되면서 지구 귀환까지의 과정을 알아보자.

로켓 발사를 위한 카운트다운이 0이 되는 순간에 로켓 엔진을 점화하고 동시에 로켓이 발사될 것 같지만 사실은 발사 9초전에 로켓 엔진은 점화된다. 점화되고 추진력이 커지기를 기다렸다가 카운트다운이 0이 되는 순간에 로켓의 고정 장치가 풀리면서 로켓이 날아간다. 고온의 가스는 로켓이 출발하기 전부터 뿜어져 나오고 있었다.

이 로켓 엔진이 새턴 5호이다. 새턴 5호는 3개의 엔진으로 되어 있다. 발사 때는 첫 번째 엔진이 점화된다.

이륙 2분 30초 후에 1단계 로켓이 분리되어 바다로 떨어지고 2단계 로켓이 점화된다. 2단계 로켓은 이륙 9분 후에 분리된다. 우주선은 이륙 11분 42초 후에 지구 궤도에 진입한다. 속도는 시속

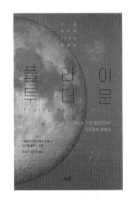

| 그림 5-5

29,000km, 고도는 160km이다.

지구 궤도를 두 바퀴 선회하면서 우주선의 모든 기기가 완벽하게 작동하는지 점검을 한다.

3단계 새턴 로켓을 점화하면 우주선의 속도는 시속 40,000km가 되면서 지구 궤도를 벗어나 달로 향하게 된다.

우주 공간에는 산소가 없기 때문에 연료를 태울 수 없어서 로켓 엔진은 영하 423°의 액체 수소와 영하 293°의 액체 산소를 결합시켜 4,000℃ 이상의 불꽃을 만들어 낸다.

달로 가는 중간에 우주선의 엔진을 3초간 점화시켜 항로를 약간 조정한다. 예정된 진로와 약간 벗어났기 때문이다.

3일간 비행한 후 달 궤도에 진입할 때가 되면 달의 중력에 이끌릴 수 있을 만큼 우주선의 속도를 늦춰야 한다. 속도를 너무 늦추면 달 궤도에 진입하지 못하고 곧바로 달 표면과 충돌하게 된다.

아폴로 11호는 사령선인 콜롬비아호와 착륙선인 이글호로 나누어져 있다. 달 궤도에 진입해서 달을 선회하다가 이글호만 달에 착륙하고 콜롬비아호는 그동안 달을 선회한다. 사실 이글호에 타고 있던 암스트롱과 올드린만 달을 밟고 콜롬비아를 조종하는 콜린스는 달 근처를 선회할 뿐이지 달을 밟아 보지는 못한다.

착륙선인 이글호가 달 표면에서 활동을 마친 후 바로 위에서 선회하고 있는 콜롬비아호로 날아올라 합쳐진 후 지구로 귀환한다.

세상에서 가장 높은 달이라는 산을 등반할 때 콜롬비아호가 베이스캠프 역할을 한다.

이글호가 달을 이륙하여 콜롬비아호와 합쳐지는 도킹을 할 때야말로 우주선 비행에서 가장 고도의 기술을 필요로 하는 시점이다.

이글호가 착륙할 때도 위험한 순간이다. 착륙할 때 이글호의 그림자 크기를 보고 달까지의 거리를 재는데 먼지가 일어나 시야를 가릴 수도 있다.

착륙 지점의 지형도 고려해야 한다. 착륙선이 기울어지거나 쓰러질 수 있기 때문이다. 착륙이 늦어지면 역분사되는 연료를 모두 소진해 추락할 수도 있다. 다행히 먼지는 약간만 있었고 연료가 거의 소진될 때쯤 가까스로 착륙에 성공한다.

달에 착륙한 암스트롱과 올드린은 네 시간 동안 달 표면 탐사를 하고 다시 이글호로 돌아와 도킹하기 전 몇 시간 동안 잠을 잔다. 콜롬비아에 있던 콜린스도 잠을 잔다.

달 착륙이라는 위대한 업적을 이루어낸 순간에 잠을 자야 한다니!

도킹 과정을 성공적으로 완수하기 위해 맑은 정신을 유지해야 하기 때문이다.

계속 잠들 수도 있기 때문에 깰 시간이 되면 휴스턴에 있는 지상 관제소에서 알람 신호를 보낸다. 달이라 다행이지 화성이라면 깨기 20분 전에 무선 신호를 보내야 한다. 무선이 오는데 달은 1.2초 걸리지만 화성은 20분 걸리기 때문이다. 콜린스는 편안한 마음으로 단잠을 잤다고 한다.

만약 착륙선이 이륙에 실패하거나 도킹에 실패하면 이글호에 있던 두 우주인은 지구로 귀환할 수 없다. 그럴 가능성도 크다. 콜롬비아에 있던 콜린스만 돌아오는 것이다.

콜린스는 자기만 홀로 살아서 돌아오는 불상사를 가장 염려했다고 한다. 동료를 버리고 돌아온 사람으로 평생을 보내야 한다.

이글호가 달에 이륙하고 7분 후에 콜롬비아호보다 뒤쪽에서 낮은 궤도에 진입한 후 세 시간에 걸쳐 서서히 두 우주선이 간격을 좁혀 나간다. 이글호가 정확히 콜롬비아호와 같은 궤도상에서 나란히 비행하게 되면 도킹한다.

도킹 후 두 우주인은 콜롬비아호로 이동하고 이글호는 콜롬비아호와 작별한다. 우주선의 무게를 줄이기 위해서다. 우주선의 기수를 지구로 돌린 후 엔진을 점화시켜 지구로 귀환한다.

돌아오는 3일 동안에 그들은 몇몇 TV프로그램에도 출연한다. 스푼에 있는 물이 스푼을 뒤집어도 떨어지지 않는 무중력 실험도 보여 준다.

지구와 가까워지면서 우주선의 속도는 시속 40만km까지 증가한다. 지구의 중력 때문이다.

대기에 진입할 때는 6도의 각도로 비스듬하게 진입한다. 그 각이 너무 작으면 지구를 지나쳐 우주로 날아가게 되고 반대로 그 각이 너무 크면 마찰열로 인해 우주선은 공중에서 타버리게 된다.

그동안 무중력 상태에 있다가 이때는 지구 중력의 6배 정도의 억누르는 힘을 받는다. 이런 커다란 중력은 지구에서 발사되어 지구 궤도에 도달할 때도 겪는다.

아폴로 우주선의 마지막 임무인 보조 낙하산을 펴면 우주선의 하강속도가 늦춰지면서 바다로 내려앉는다. 이글호가 착륙했던 달에 있는 고요의 바다가 아니라 말 그대로의 바다에 안착하는 것이다.

우주인의 훈련 과정에는 정글과 사막에서 살아남는 법도 있다. 달에 정글이 있는 것도 아닌데 달에 가는 우주인이 정글 서바이벌 훈련을 받는다. 지구로 귀환하는 우주선은 바다로 떨어지지만 정글이나 사막에 불시착할 가능성에 대해서도 대처해야 하기 때문이다.

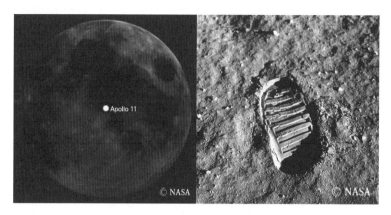

| 그림 5-6. (좌) 아폴로 11호 착륙지점—고요의 바다
 (우) 인간이 지구 밖에 만든 첫 발자국

돌아온 3명의 우주인은 2주간 격리된다. 어쩌면 여생을 격리된 채로 살 수도 있다. 다행히 그들은 달에서 어느 병균도 가져오지 않았고 신체검사에서도 아무런 이상이 발견되지 않았다.

라이트 형제가 인류 최초로 비행기를 하늘에 띄운 이래로 닐 암스트롱이 달 표면에 발자국을 남기기까지 66년이 걸렸다. 그의 말처럼 한 인간에게는 작은 걸음에 불과하지만 인류에게는 거대한 도약이었다.

아폴로의 우주 비행은 인류 역사 이래로 무기를 사용하지 않고 영역을 확장한 유일한 사례다. 3명의 우주인은 전 세계의 평화를 사랑하는 모든 인류를 대표해서 달에 첫발을 내디뎠다. ▪▪

9. 마이클 콜린스의
플라이 투 더 문 II

면접을 마친 후에 에드워드 공군 기지로 돌아온 나는 합격 소식을 손꼽아 기다렸다. 이번이 마지막 기회라고 생각했다. 우주인의 연령은 34세로 제한되었고 당시 나는 이미 33세였다.

기다림과 걱정으로 가득 찬 한 달의 시간이 지났을 무렵 전화가 왔다.

내가 아직도 의향이 있다면 나를 나사의 우주인으로 선발하겠다고 했다. 아직도 의향이 있냐고? 지난 한 달 내내 이 일 말고는 아무것도 생각할 수 없었는데 의향이 있냐고 묻다니…. 나는 도저히 흥분을 감출 수 없었다.

아폴로 11호 사령선 조종사인 마이클 콜린스가 그가 쓴 『플라이 투 더 문』에서 우주인 합격 소식을 받는 장면이다.

나사는 1964년 14명의 우주인을 선발했다. 이들은 미국의 달 탐사 프로젝트인 제미니와 아폴로 프로젝트의 주역이 되었다.

그들 중 버즈 올드린은 1966년 제미니 12호에 탑승하여 우주 유영을 했으며 아폴로 11호 착륙선 조종사로 달에 착륙했다.

데이비드 스콧은 1966년 제미니 8호 부기장, 아폴로 9호 사령선 조종사로서 달 착륙선과 사령선의 도킹과 1971년 아폴로 15호 선장으로 18시간 동안 달 탐사를 했다.

마이클 콜린스는 1966년 제미니 10호에 탑승하여 인공위성과 랑데부하여 인공위성의 장비를 회수했으며 1969년 아폴로 11호 사령선 조종사가 되었다.

유진 서난은 1966년 제미니 9호 부기장으로 2시간의 우주 유영을 했으며 아폴로 10호의 착륙선 조종사로 달 표면 14km까지 하강했고 1972년 아폴로 17호 선장으로 22시간 동안 달 탐사를 했다.

엘런 빈은 아폴로 12호 착륙선 조종사로 네 번째로 달에 착륙한 우주인이 되었으며, 1973년 스카이랩 3호의 선장으로 활동했다.

로저 채피는 1967년 아폴로 1호에 탑승 예정이었으나 이륙 테스트 중 화재로 사망했다.

14명의 우주인 가운데 세 명은 지구 궤도를 돌았고 세 명은 달의 궤도까지 갔다 왔으며, 네 명은 달에 착륙했고, 네 명은 안타깝게도 목숨을 잃었다.

한 편의 영화에는 각본, 촬영, 소품 등 여러 전문 분야가 있듯이 달 탐험도 마찬가지이다. 마이클 콜린스는 달 탐험의 다양한 전문 분야를 소개한다.

달에 착륙한 우주인이 임무를 마치고 지구로 귀환하는 유일한 방법은 착륙선이 달의 궤도를 돌고 있는 사령선과 랑데부하는 일이다. 랑데부와 도킹 분야이다.

우주선에는 호흡에 필요한 산소와 식수가 있어야 한다. 또한 달을 향하는 우주선은 햇빛을 받는 면은 온도가 너무 올라가고 반대쪽 그늘 진 부분은 온도가 너무 내려간다. 그래서 우주선은 계속 회전하면서 우주선이 골고루 햇빛을 받도록 한다. 공급 장치 분야이다.

우주인들은 시뮬레이터 속에서 수백, 수천 번의 연습을 한다. 시뮬레이터 분야이다.

지구로 귀환하는 우주선은 낙하산을 펴고 서서히 낙하한다. 인양된 우주선은 수송기에 옮겨진다. 귀환 분야이다.

달 착륙선에는 두 개의 엔진이 있다. 하나는 달 착륙선이 달 표면에 서서히 내려앉도록 하강속도를 늦추기 위한 것이고 또 하나는 달 표면에서 임무를 마치고 사령선과 다시 합쳐지기 위해 달 궤도로 진입하기 위한 이륙용이다. 로켓 엔진 분야이다.

우주선은 지상과 무선 교신을 한다. 주요 기지국은 스페인, 호주, 캘리포니아에 있다. 이 세 지점 중 한 곳은 지구가 자전하더라도 언제나 우주선에서 보이는 곳이다. 지구와 우주선의 교신뿐 아니라 착륙선과 사령선 사이의 교신도 중요하다. 통신 분야이다.

우주선은 배터리와 연료전지로 전기를 공급받는다. 전기로 물을 분해하면 수소와 산소가 발생하는데 반대로 수소와 산소를 반응시키면 물이 되면서 전기가 나온다. 그 전기를 이용하는 것이 연료전지이다. 이때 생긴 물은 식수로도 이용된다. 수소와 산소는 액체 상태로 가져간다. 전기 분야이다.

사령선과 착륙선이 도킹을 한다. 우주선을 미세하게 조종하여 우주선의 자세를 잡으면서 두 우주선을 결합시켜야 한다. 우주선 미세 조종 분야이다.

아폴로 11호의 로켓 엔진은 새턴 5호이다. 새턴 5호는 초당 15톤의 연료를 사용한다. 수영장에 가득 찬 연료를 7초면 사용할 수 있다. 발사할 때의 로켓 엔진 분야이다.

우주선이 발사될 때나 지구 대기에 진입할 때는 중력의 6~8배까지 힘이 가해진다. 조종사가 기기를 조작하는 데 그만큼의 힘이 더해진다. 조종석의 모든 다이얼과 스위치를 최적화시키는 분야이다.

우주 비행 중에는 다양한 실험을 한다. 해와 달과 지구의 사진 촬영, 우주에서의 운동 중 심박수 변화, 수면 중 뇌파 측정 등, 우주선에서 수행하는 실험 분야이다.

우주선의 위치는 별과 지구의 지평선이 이루는 각, 별과 달이 이루는 각을 측정하여 알아낸다. 우주선이 예정된 경로로 비행하는지를 점검하는 분야이다.

우주선이 예정된 항로를 벗어나거나 추락할 위험이 있을 때는 지상에서 우주선 폭파 버튼을 누른다. 그 전에 승무원들을 탈출시켜야 한다. 안전 분야이다.

우주 공간으로 나가기 위해서는 우주복을 입는다. 태양의 뜨거운 열기와 그 반대편의 그늘진 곳의 한기로부터 우주인을 보호하기 위해, 미세 운석의 충격에도 견디기 위해 우주복은 충분히 두꺼워야 한다. 그러면서도 이동에 불편이 없도록 유연해야 한다. 유연성을 유지하기 위해 우주복 안에는 공기로 채워진 고무 튜브가 있다. 우주복은 안정성과 유연성을 모두 갖춰야 한다.

우주복 안은 산소로 채워진다. 산소는 호흡에도 필요하지만 산소의 압력이 대기압 역할을 한다. 대기의 압력이 없으면 몸

속의 혈액이 기체가 되어 혈액 속에 거품이 생기기 때문이다. 우주복 안의 산소는 호흡과 대기압의 일석이조 역할을 하고 있다. 우주복 분야이다.

한 편의 영화가 만들어지기까지 얼마나 많은 사람들이 애를 쓰셨는가?

하지만 스포트라이트는 영화 속의 주인공들이 받는다. 달 탐험에서 스포트라이트는 우주 비행사들의 몫이다. ▰▰

〈한마디 더〉

—아폴로 11호

© NASA

| 그림 5-7. 우주선 높이 100m, 1969년 7월 16일 오전 9시 32분 (미국 동부 시간) 발사. 암스트롱이 대장이고, 착륙선인 이글호 조종은 올드린이, 사령선인 콜롬비아호는 콜린스가 조종했다. 암스트롱과 올드린이 고요의 바다에 내려 탐사를 하는 동안 콜린스는 달 궤도를 도는 콜롬비아호에 남아 있었다

10. 경도 측정

운전하다 길을 잃을 때가 있다.

남으로 가는지 북으로 가는지 알 수가 없다.

도로의 표지판이 보이면 그나마 내 위치를 대략 알 수 있다.

망망대해에 배가 있다.

이 배는 자기의 위치를 어떻게 알까?

바다에는 표지판도 없다. 몇 날 며칠을 가도 사방이 똑같다.

자기 위치를 알아야 목적지로 갈 것 아닌가?

물론 내비게이션이 없던 시절 얘기다.

지구상의 위치는 위도와 경도로 나타낸다.

수학에 비유하면 위도는 y좌표, 경도는 x좌표에 해당하는 값
이다. x좌표와 y좌표 값을 알면 평면에서 점의 위치를 알 수 있
듯이 위도와 경도를 알면 지구상의 위치를 알 수 있다.

서울의 위도와 경도는 37.5°N, 127°E이다.

지구 적도에서 북으로 37.5°, 영국의 그리니치에서 동으로
127° 떨어져 있다는 뜻이다.

망망대해의 배들은 위도와 경도를 어떻게 알 수 있을까?

위도는 북극성을 보면 된다.

북극성을 올려 보는 각이 그 지방의 위도이다.

북극에서는 북극성이 머리 위에 있고 적도에서는 북쪽 땅 끝에 있다.

서울에서 북극성의 고도는 37.5°이다.

느낄 수 있을지 모르겠지만 부산에 가면 북극성이 서울보다 약간 낮게 떠 있다. 2.5° 정도 낮다.

뱃사람들도 북극성을 보고 위도를 알아냈다.

경도는?

두 지점의 시간차를 이용하여 경도를 알아낸다.

태양은 동쪽에서 떠오르니 동쪽 지방이 서쪽보다 시간이 빠르다. 경도 15°당 1시간 빠르다. 어느 지방의 시간이 서울보다 3시간 빠르다면 서울보다 경도 45° 동쪽에 있다는 뜻이다.

배가 출발할 때 경도를 알고 있는 항구의 시간에 시계를 맞춘다. 배에 있는 시계는 출발한 항구의 시간을 알려 준다. 망망대해에 있는 배가 현지 시간만 알면 항구와 시간을 비교하여 경도를 알 수 있다. 망망대해에서 해가 남중할 때는 12시이다. 그때 배가 출발했던 항구의 시간이 오전 9시라면 3시간 차이가 나서 항구와 경도 차이가 45°인 것을 알 수 있다. 시간이 빠르니 동쪽으로 45°이다.

정확한 시계만 있으면 경도를 알 수 있다.

1600년 1700년대, 전 세계적으로 해상 무역이 활발했던 시대에 경도를 정확히 알아내는 것이 항상 문제였다. 당시에는 진자시계로 시간을 알았다. 그 시계가 얼마나 정확했겠는가?

출렁이는 바다에서 진자가 일정하게 진동하기는 어렵다. 밤과 낮, 계절에 따라 진자의 길이도 달라진다. 진자의 주기가 들쭉날쭉해서 정확한 시간을 알려 주지 못하기 때문에 정확한 경도를 알 수 없었다.

시계는 시간을 알려 주는 도구이지만 시간보다는 장소를 알아내기 위해 시계의 정밀성이 더 요구되었다.

시계로 경도를 알아낸 것은 정밀한 시계가 나온 이후였다.

그러면 진자시계밖에 없었을 때 경도는 어떻게 알 수 있었을까?

동일한 사건을 두 지역에서 보고 그 두 지방의 시간 차이만 알면 경도 차이를 알 수 있다.

하늘 높은 곳에서 불꽃이 터졌다. 이 불꽃을 두 지역에서 보고 시간 차이만 알면 경도 차이가 나온다. 월식이 일어났다. 동일한 사건이다. 두 지역에서 월식이 일어나는 시간 차이를 알아내면 된다. 그러나 월식 같은 현상은 늘 일어나지 않는다.

그래서 별이다.

별이 떠오르는 시각이 경도 15°당 1시간 차이가 나므로 별의 위치를 비교하면 알 수 있다.

경도를 알고 있는 지방의 별들이 그려져 있는 천문도를 가지고 출항한다. 그 천문도에는 달력처럼 매일, 몇 시의 별자리가 그려져 있다. 먼 바다에서 별을 관측하여 출항한 지역의 별자리와 비교하면 그 바다의 경도를 알 수 있다.

이것도 별의 관측 기술이 발달하여 정확한 천문도가 있을 때의 이야기다. 그리고 뱃사람 중 아무리 노련한 천문 관측자가 있더라도 별의 위치를 정확히 파악하여 출항한 지역의 별의 위치와의 차이를 정확히 알아내기가 어려웠다.

결국 당시 사람들이 그나마 손쉽게 이용한 것이 달이다.

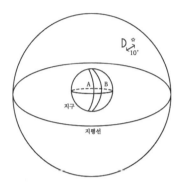

| 그림 5-8. A가 21시이고 B가 22시이면 B의 경도는 A보다 15°
크다(A : 경도를 알고 있는 곳, B : 배의 위치)

하늘에서 밝게 빛나는 별과 달이 이루는 각을 파악하는 것이다.

달의 운동은 쉽게 예측할 수 있으므로 경도를 알고 있는 지역
에서 발행한 책에는 향후 몇 년간의 매일, 몇 시의 달과 별의
상대적인 위치가 정확히 기록되어 있다.

배에서 어느 날 어느 시각에 별과 달이 이루는 각을 재어 그
시간을 위의 책자의 시간과 비교하면 그 지방의 경도를 알 수
있다.

예를 들어 〈그림 5-8〉처럼 달과 직녀성이 이루는 각이 10°라
면 경도 0°인 지방에서 보나 15°인 지방에서 보나 어느 지방에
서 보더라도 달과 별은 10°를 이루고 있다. 다만 경도에 따라
그때가 9시인 지방도 있고 10시인 지방도 있다. 그래서 시간만
비교하면 경도차를 알 수 있다.

경도를 알고 있는 지역인 〈그림 5-8〉의 A에서 발행한 책에 달과 직녀성이 이루는 각이 10°일 때가 9시이고 B에 있는 배에서는 10시라면 배의 위치는 경도가 15° 더 동쪽인 것을 알 수 있다.

낮달이 떠 있다면 달과 태양이 이루는 각을 통해 낮에도 경도를 알아낼 수 있다.

뱃사람들에게는 하늘의 별들이 시계판에 있는 숫자이고 달이 시곗바늘이다.
달과 별의 위치를 통해 자기의 위치를 알아낸다.
자기 위치를 모르면 갈 곳을 알 수 없다.
엉뚱한 곳으로 가면 위험에 처할 수도 있다.
그들에게는 달과 별이 생명줄이다. ■▗

11. 달 탐사 조작설

■ 달에 갔다 왔다는 것이 조작이라며? 무슨 자다가 봉창 두들기는 소리인가?

깃발이 펄럭일 수 있어? 달에 대기도 없는데.

설마설마하지만 그럴듯한 논리에 귀가 솔깃한다. 추종자도 많다.

1969년 7월 20일, 인류는 달에 첫 발자국을 남겼다. 하지만 이 모든 것이 거짓말이라는 조작설이 나돌고 있다.

그들이 주장하는 이야기는 꽤나 흥미롭다. 속아 넘어가기가 십상이다.

하지만 조금만 살펴보면 그들의 논리가 보이스피싱 정도라는 것이 금방 탄로가 난다. 그래도 보이스피싱이 성행하고 있는 것처럼 조작설은 진짜인양 행세를 하고 있다.

먼저 진공 상태에서 성조기가 펄럭이기 때문에 조작이라는 것부터 알아보자.

이는 깃대의 구조를 보면 의혹이 풀린다. 성조기가 잘 보이도록 성조기의 윗부분에 가로로 막대기가 있다. ㄱ자 모양의 깃대이다. ㄱ자 모양이라 깃대를 꽂을 때 받은 작은 충격에 깃발이 움직인 것이다.

달에서 찍은 사진에서 하늘이 깜깜한데 별이 없다는 것은 지상 스튜디오에서 조작한 영상이라는 것도 그들이 주장하는 의혹이다.

이 또한 조금만 정신 차리면 보이스피싱에 당하지 않을 수 있다. 달은 대기가 없어서 달 표면은 많은 양의 햇빛을 반사하기 때문에 매우 밝다. 그 밝은 상태에서 사진을 찍으면 밤하늘의 어두운 별은 찍히지 않는다. 별이 너무 어둡기 때문이다.

사진은 밝은 물체와 어두운 물체를 동시에 찍을 수 없다. 둘 중 하나를 포기해야 한다. 실제 지구에서도 야경을 찍으면 별은 찍히지 않는다. 보통으로 찍은 야경 사진에 별이 있다면 그야말로 조작된 사진이다. 별은 카메라 노출 시간을 길게 해야 찍히지 찰칵 하고 찍는 사진에는 찍히지 않는다.

더 이상 논의를 진전시키고 싶지 않지만 더 알아보자.

달 착륙선이 지구로 돌아오기 위해서 달을 이륙할 때 필요한 발사대가 없다는 것이다. 지구에서 로켓을 우주로 발사할 때 대규모의 발사대가 있는 것처럼 달에서도 있어야 한다는 것이다.

그러나 달에는 대기가 없고 중력이 지구의 1/6이다. 달을 탈출하는 데 많은 힘이 필요하지 않다. 또한 달에 착륙한 우주선은 위와 아래의 2단계로 되어 있다고 한다. 아랫부분에 연료가 있고 윗부분만 날아오른다. 아랫부분이 발사대 역할을 한다. 그리고 윗부분은 달의 주변을 계속 돌고 있는 바로 위에 있는 사령선까지만 날아오르면 된다.

커다란 발사대가 없어도 된다.

달에서 가져 온 월석도 그들이 주장하는 의혹 대상이다.

남극의 얼음 속에 있는 돌은 대개가 우주에서 떨어진 운석들이다. 월석이 달이 아니라 남극에서 가져 온 운석이라는 것이다. 그러나 남극의 운석은 지구로 떨어질 때 대기와 마찰로 생긴 줄도 있고 지표와 충돌도 있었기 때문에 월석과 다르다. 또한 풍화의 흔적도 있어서 엄연히 월석과 구별된다.

그래도 혹하는 사람이 있을 것 같아 보이스피싱 증거 두 가지만 더 얘기하겠다.

2007년에 일본이 쏘아올린 달 탐사선 가구야가 아폴로 15호의 착륙 지점을 촬영하여 착륙 흔적을 확인했으며, 2012년 중국의 달 탐사선 창어 2호도 고해상도 사진으로 흔적을 확인했다.

또 하나는 아폴로 11호, 14호, 15호는 달에 레이저 반사경을 설치하고 왔는데 지금도 그 반사경에 레이저를 쏘아 달까지의 거리를 구하는 작업을 계속하고 있다.

아! 정말 조작이라면 우주 개발 경쟁국이었던 구소련이 가만히 있었겠는가?

도대체 음모론을 꾸준히 확산시키는 주범은 누굴까. 책이나 동영상 공유 서비스인 유튜브를 통해 아니면 말고 식의 가짜뉴스를 퍼뜨려 돈을 버는 사람들이다.

달 탐사 음모론. 이들의 단골 메뉴 중 하나이다.

정신 차립시다. 보이스피싱에 걸립니다. ◼▪

달빛 아래 과학 한 움큼

—

1쇄 인쇄 2020년 09월 22일
1쇄 발행 2020년 09월 29일
—

지은이 장수길
표지디자인 유환석
편집 손동민
펴낸이 손영일
—

펴낸곳 전파과학사
주 소 서울시 서대문구 증가로 18, 204호
등 록 1956년 7월 23일 제10-89호
전 화 02-333-8877(8855)
F A X 02-334-8092
홈페이지 http://www.s-wave.co.kr
E-mail chonpa2@hanmail.net
블로그 http://blog.naver.com/siencia

ISBN 979-89-7044-940-1 (03450)

이 도서의 국립중앙도서관 출판예정도서목록(CIP)은 서지정보유통지원 시스템 홈페이지(http://seoji.nl.go.kr)와 국가자료종합목록 구축시스템(http://kolis-net.nl.go.kr)에서 이용하실 수 있습니다. (CIP제어번호:CIP2020037192)